U0199274

世界名贵木材鉴列图鉴

潘 彪　蒋劲东　方崇荣 ◎ 主　编

陈旭东　邱 坚　古 鸣　徐伟涛 ◎ 副主编

中国林业出版社

·北京·

图书在版编目（CIP）数据

世界名贵木材鉴别图鉴 / 潘彪，蒋劲东，方崇荣主编 . -- 北京：中国林业出版社，2020.11
ISBN 978-7-5038-9958-4

Ⅰ.①世… Ⅱ.①潘… ②蒋… ③方… Ⅲ.①木材识别 – 世界 – 图集 Ⅳ.① S781.1-64

中国版本图书馆 CIP 数据核字 (2019) 第 039611 号

责任编辑：陈　惠

- -

出版：中国林业出版社（100009 北京西城区刘海胡同 7 号）
网　站：http://www.forestry. gov. cn/lycb.html
印　刷：北京雅昌艺术印刷有限公司
发　行：中国林业出版社
电　话：010-8314 3518
版　次：2020 年 11 月第 1 版
印　次：2020 年 11 月第 1 次
开　本：787mm×1092mm，1/16
印　张：17
字　数：300 千字
定　价：360.00 元

《世界名贵木材鉴别图鉴》
编写委员会

总 策 划：纪　亮

主　　编：潘　彪　蒋劲东　方崇荣

副 主 编：陈旭东　邱　坚　古　鸣　徐伟涛

编　　委：叶洪军　徐　斌　陈各全　胡　旭　张仲凤

　　　　　张　杰　毛　安　韦文榜　刘　敏

支持单位：浙江省木雕红木家具产品质量检验中心

　　　　　（国家木雕及红木制品质量监督检验中心）

　　　　　上海市质量监督检验技术研究院

　　　　　浙江省东阳市南林木材科技服务中心

　　　　　国家林业和草原局林产工业规划设计院

　　　　　《雅居》杂志

前　言

　　我国是木材消费大国。改革开放以来，我国经济快速发展，人民生活水平不断提高，居住环境也日益改善，对于木材的需求大幅上升。自1998年，我国实施天然林资源保护工程后，出口到我国的木材及制品逐年递增。近年来，"一带一路"的发展，也带来了更多的木材贸易交流，越来越多的进口木材被我国接受。但随着全球森林资源不断减少、生态环境的持续恶化以及CITES公约的管制，我国木材工业也正面临着诸多风险和困难。

　　世界名贵木材主要分布于东南亚、非洲、南美洲及北美洲等地区。东南亚是我国木材进口最重要的地区，有悠久的木材贸易历史，它是世界上第二大热带雨林地区，物种极为丰富，盛产名贵木材，如大果紫檀、坤甸铁樟木、油楠、龙脑香、异翅香等。非洲木材资源较为丰富，拥有众多优良的装饰装修用材，如家具用的非洲紫檀、筒状非洲楝，胶合板用的奥克榄，地板用金柚木等。南美洲拥有全世界最大的热带雨林地区，有利的气候造就了树种多样性，有的是世界名贵木材，如巴西黑黄檀、圭亚那蛇桑；很多适用于室内装修，如用于实木地板的重蚁木、李叶苏木、香二翅豆、纤皮玉蕊等。北美洲木材对我国进口木材也有积极的影响，如北美黄杉、糖槭、红橡木、樱桃木等。

　　为了更好地参与生态环境保护、迎合全球贸易形势、合理利用木材资源，我们将世界名贵木材相关资料汇编成册，以针叶木材、阔叶木材作为基本分类形式，按科属分门别类依次列出。本书不仅包括珍贵红木，也涵盖了世界重要商品材，并增加了一些常用的木材，如榉木、落叶松、水曲柳等。

本书共记载名贵木材 245 种，隶属 65 科。其中针叶木材 14 种，隶属 5 科，阔叶木材 231 种，隶属 60 科；分别列出了拉丁学名、中文名以及地方名称、英文名称、市场不规范名称等，并以图示与简介的方式介绍其产地分布、木材材性和用途，对木材工业特别是地板、家具、胶合板、木线等的生产和发展具有重要的指导作用。本书可供从事木材科学研究、检验鉴定、教学、生产、贸易等相关单位参考使用。本书个别树种因实际应用、分类变化等原因，列出了多个学名或科属，便于更全面地参考使用。本书为了方便读者检索使用，也列出了多类别索引。除了列出常用的中文名索引和拉丁学名索引之外，还参照 GB/T 18107—2017《红木》增加了红木索引，其中，因"绒毛黄檀"市场罕见、资料暂缺，本书未收录。

全书由南京林业大学教授潘彪、浙江省木雕红木家具产品质量检验中心主任蒋劲东、浙江省林业科学研究院（浙江省林产品质量检测站）副院长兼副站长方崇荣负责主编。在资料收集和编纂过程中，感谢南京林业大学木材科学研究中心、西南林业大学、江苏省张家港检验检疫局等学单位的关心、支持和指点。由于资料有限，部分树种没有收录原木段图片，还待进一步完善，欢迎读者供图，以便修订完善图书。本书下一步还将进行数字化出版建设，让更多人更快速、便捷地学习和使用木材资源。

编　者

2020 年 10 月

目　录

针叶木材

贝壳杉　*Agathis dammara*（Lamb.）Rich. & A. Rich················2

红桧　*Chamaecyparis formosensis* Matsum. ················3

柏木　*Cupressus funebris* Endl. ················4

香脂冷杉　*Abies balsamea*（L.）Mill. ················5

落叶松　*Larix gmelinii*（Rupr.）Kuzen················6

恩氏云杉　*Picea engelmannii* Parry ex Engelm.················7

红松　*Pinus koraiensis* Sieb & Zucc.················8

马尾松　*Pinus massoniana* Lamb.················9

辐射松　*Pinus radiata* D. Don················10

北美黄杉　*Pseudotsuga menziesii*（Mirb.）Franco················11

异叶铁杉　*Tsuga heterophylla*（Raf.）Sarg················12

红豆杉　*Taxus wallichiana* var. *chinensis*（Pilg.）Florin················13

柳杉　*Cryptomeria japonica*（Thunb. ex L.f.）D.Don················14

杉木　*Cunninghamia lanceolata*（Lamb.）Hook.················15

阔叶木材

大叶槭　*Acer macrophyllum* Pursh················18

糖槭　*Acer saccharum* Marshall················19

烈味斑纹漆　*Astronium graveolens* Jacq.················20

坎诺漆　*Campnosperma* spp.················21

人面子　*Dracontomelon dao* Merr. Et Rolfe················22

胶漆木　*Gluta renghas* L.················23

紫油木　*Pistacia weinmannifolia* J. Poiss. ex Franch.················24

多花斯文漆　*Swintonia floribunda* Griff.················25

小脉夹竹桃　*Dyera costulata* Hook.f. ···26

白桦　*Betula platyphylla* Suk. ···27

中美洲蚁木　*Tabebuia guayacan*（Seem.）Hemsl. ···28

红蚁木　*Tabebuia rosea*（Bertol.）Bertero ex A.DC. ···29

木棉　*Bombax ceiba* L. ···30

轻木　*Ochroma pyramidale*（Cav. ex Lam.）Urb. ···31

蒜味破布木　*Cordia alliodora*（Ruiz & Pav.）Oken ···32

十二雄蕊破布木　*Cordia goeldiana* A. DC. ···33

奥克榄　*Aucoumea klaineana* Pierre ···34

非洲橄榄　*Canarium schweinfurthii* Engl. ···35

黄杨　*Buxus sinica*（Rehd. et Wils.）Cheng ···36

非洲缅茄　*Afzelia africana* Smith ···37

安哥拉缅茄　*Afzelia quanzensis* ···38

鞋木　*Berlinia confusa* Hoyle ···39

短盖豆　*Brachystegia cynometroides* Harms ···40

伯克苏木　*Burkea africana* Hook. ···41

巴拉圭苏木　*Caesalpinia paraguariensis*（Parodi）Burk. ···42

可乐豆　*Colophospermum mopane*（Benth.）Leon. ···43

西非香脂树　*Copaifera salikounda* Heck. ···44

假凤梨喃喃果　*Cynometra ananta* Hutch. & Dalziel ···45

西非苏木　*Daniellia klainei* A. Chev. ···46

阔萼摘亚木　*Dialium platysepalum* Baker ···47

双柱苏木　*Dicorynia guianensis* Amsh. ···48

代德苏木　*Didelotia idea* Oldeman & al. ···49

两蕊苏木　*Distemonanthus benthamianus* Baill. ···50

镰形木荚苏木　*Eperua falcata* Aubl. ···51

格木　*Erythrophleum fordii* Oliv. ···52

象牙海岸格木　*Erythrophleum ivorense* A. Chev ···53

阿诺古夷苏木　*Guibourtia arnoldiana*（De Wild. & Th. Dur.）J. Léonard ···54

鞘籽古夷苏木　*Guibourtia coleosperma*（Benth.）J. Léonard ···55

爱里古夷苏木　*Guibourtia ehie*（A. Chev.）J. Léonard ·······································56

特氏古夷苏木　*Guibourtia tessmannii*（Harms）J. Leonard ··························57

李叶苏木　*Hymenaea courbaril* L.···58

帕利印茄　*Intsia palembanica* Miq. ···59

大甘巴豆　*Koompassia excelsa*（Becc.）Taubert.··································60

马来甘巴豆　*Koompassia malaccensis* Maing.··61

小鞋木豆　*Microberlinia brazzavillensis* A. Chev.·································62

赛鞋木豆　*Paraberlinia brazzavillensis* Pellegr.·····································63

紫心苏木　*Peltogyme* spp.···64

铁刀木　*Senna siamea*（Lam.）H. S. Irwin & Barneby ·······················65

油楠　*Sindora* spp.···66

柯库木　*Kokoona* spp.···67

海棠木　*Calophyllum inophyllum* L.··68

铁力木　*Mesua ferrea* L.···69

风车子　*Combretum imberbe* Wawra···70

亚马孙榄仁　*Terminalia amazonia*（Gmel.）Exell ·······························71

榄仁　*Terminalia catappa* L.···72

科特迪瓦榄仁　*Terminalia ivorensis* A. Chev.·······································73

毛榄仁　*Terminalia tomentosa* Wight & Arm. ·······································74

哈氏短被菊　*Brachylaena huillensis* O. Hoffm.·····································75

八果木　*Octomeles sumatrana*··76

五桠果　*Dillenia* spp.···77

异翅香　*Anisoptera* spp.··78

龙脑香　*Dipterocarpus* spp.··79

冰片香　*Dryobalanops* spp.··80

重坡垒　*Hopea* spp.··81

平滑婆罗双　*Shorea laevis*···82

黄娑罗双　*Shorea* spp.···83

红娑罗双　*Shorea* spp.···84

白娑罗双　*Shorea* spp.···85

8

苏拉威西乌木　*Diospyros celebica* Bakh.···86

厚瓣乌木　*Diospyros crassiflora* Hiern ···87

乌木　*Diospyros ebenum* J.Koenig ex Retz. ··88

菲律宾乌木　*Diospyros philippinensis* A.DC. ···89

毛药乌木　*Diospyros pilosanthera* Blanco ··90

橡胶木　*Hevea brasiliensis*（Willd. ex A. Juss.）Müll.Arg.···························91

非洲螺穗木　*Spirostachys africana* Sond···92

油桐　*Hevea brasiliensis*（Willd. ex A. Juss.）Müll.Arg. ····························93

甘蓝豆　*Andira* spp. ··94

葱叶鲍古豆　*Bobgunnia fistuloides*（Harms）J. H. Kirkbr. & Wier.················95

马达加斯加鲍古豆　*Bobgunnia madagascariensis*（Desv.）J. H. Kirkbr. & Wier. ···········96

巴里黄檀　*Dalbergia bariensis* Pierre ···97

赛州黄檀　*Dalbergia cearensis* Ducke. ···98

交趾黄檀　*Dalbergia cochinchinensis* Pierre···99

刀状黑黄檀　*Dalbergia cultrata* Benth. ···100

郁金香黄檀　*Dalbergia decipularis* Rizzini & A.Mattos ·······························101

中美洲黄檀　*Dalbergia granadillo* Pittier ··102

阔叶黄檀　*Dalbergia latifolia* Roxb. ···103

卢氏黑黄檀　*Dalbergia louvelii* R.Viguier ···104

东非黑黄檀　*Dalbergia melanoxylon* Guill.&Perr. ·······································105

巴西黑黄檀　*Dalbergia nigra*（Vell.）Benth. ···106

降香黄檀　*Dalbergia odorifera* T. Chen ···107

奥氏黄檀　*Dalbergia oliveri* Prain ··108

微凹黄檀　*Dalbergia retusa* Hesml. ··109

印度黄檀　*Dalbergia sisso* DC. ···110

亚马孙黄檀　*Dalbergia spruceana* Benth. ··111

伯利兹黄檀　*Dalbergia stevensonii* Tandl. ···112

东京黄檀　*Dalbergia tonkinensis* Prain ···113

危地马拉黄檀　*Dalbergia tucurensis* Donn.Sm. ··114

香二翅豆　*Dipteryx odorata*（Aubl.）Willd. ···115

硬木军刀豆　*Machaerium scleroxylon* Tul. ⋯⋯⋯⋯⋯⋯⋯⋯⋯⋯⋯⋯⋯⋯⋯⋯⋯ 116

非洲崖豆木　*Millettia laurentii* De Wild ⋯⋯⋯⋯⋯⋯⋯⋯⋯⋯⋯⋯⋯⋯⋯⋯ 117

白花崖豆木　*Millettia leucantha* Kurz ⋯⋯⋯⋯⋯⋯⋯⋯⋯⋯⋯⋯⋯⋯⋯⋯⋯ 118

斯图崖豆木　*Millettia stuhlmannii* Taub. ⋯⋯⋯⋯⋯⋯⋯⋯⋯⋯⋯⋯⋯⋯⋯⋯ 119

香脂木豆　*Myroxylon balsamum*（L.）Harms ⋯⋯⋯⋯⋯⋯⋯⋯⋯⋯⋯⋯⋯⋯ 120

大美木豆　*Pericopsis elata*（Harms）Meeuwen ⋯⋯⋯⋯⋯⋯⋯⋯⋯⋯⋯⋯ 121

阔变豆　*Platymiscium* spp. ⋯⋯⋯⋯⋯⋯⋯⋯⋯⋯⋯⋯⋯⋯⋯⋯⋯⋯⋯⋯⋯⋯⋯ 122

安哥拉紫檀　*Pterocarpus angolensis* DC. ⋯⋯⋯⋯⋯⋯⋯⋯⋯⋯⋯⋯⋯⋯⋯⋯ 123

非洲紫檀　*Pterocarpus soyauxii* Taub. ⋯⋯⋯⋯⋯⋯⋯⋯⋯⋯⋯⋯⋯⋯⋯⋯⋯ 124

安达曼紫檀　*Pterocarpus dalbergioides* DC. ⋯⋯⋯⋯⋯⋯⋯⋯⋯⋯⋯⋯⋯⋯ 125

刺猬紫檀　*Pterocarpus erinaceus* Poir. ⋯⋯⋯⋯⋯⋯⋯⋯⋯⋯⋯⋯⋯⋯⋯⋯⋯ 126

印度紫檀　*Pterocarpus indicus* Willd. ⋯⋯⋯⋯⋯⋯⋯⋯⋯⋯⋯⋯⋯⋯⋯⋯⋯ 127

大果紫檀　*Pterocarpus macrocarpus* Kurz ⋯⋯⋯⋯⋯⋯⋯⋯⋯⋯⋯⋯⋯⋯⋯ 128

囊状紫檀　*Pterocarpus marsupium* Roxb. ⋯⋯⋯⋯⋯⋯⋯⋯⋯⋯⋯⋯⋯⋯⋯⋯ 129

檀香紫檀　*Pterocarpus santalinus* L.f. ⋯⋯⋯⋯⋯⋯⋯⋯⋯⋯⋯⋯⋯⋯⋯⋯⋯ 130

染料紫檀　*Pterocarpus tinctorius* Welw. ⋯⋯⋯⋯⋯⋯⋯⋯⋯⋯⋯⋯⋯⋯⋯⋯ 131

刺槐　*Robinia pseudoacacia* L. ⋯⋯⋯⋯⋯⋯⋯⋯⋯⋯⋯⋯⋯⋯⋯⋯⋯⋯⋯⋯ 132

圭亚那铁木豆　*Swartzia benthamiana* Miq. ⋯⋯⋯⋯⋯⋯⋯⋯⋯⋯⋯⋯⋯⋯ 133

板栗　*Castanea mollissima* Blume ⋯⋯⋯⋯⋯⋯⋯⋯⋯⋯⋯⋯⋯⋯⋯⋯⋯⋯ 134

米槠　*Castanopsis carlesii* Hay. ⋯⋯⋯⋯⋯⋯⋯⋯⋯⋯⋯⋯⋯⋯⋯⋯⋯⋯⋯ 135

南岭锥　*Castsnopsis fordii* Hance ⋯⋯⋯⋯⋯⋯⋯⋯⋯⋯⋯⋯⋯⋯⋯⋯⋯⋯ 136

青冈　*Cyclobalanopsis glauca*（Thunb.）Oerst. ⋯⋯⋯⋯⋯⋯⋯⋯⋯⋯⋯ 137

毛果青冈　*Cyclobalanopsis pachyloma*（Seem.）Schott. ⋯⋯⋯⋯⋯⋯⋯ 138

欧洲水青冈　*Fagus sylvatica* L. ⋯⋯⋯⋯⋯⋯⋯⋯⋯⋯⋯⋯⋯⋯⋯⋯⋯⋯⋯ 139

石栎　*Lithocarpus glaber*（Thunb.）Nakai ⋯⋯⋯⋯⋯⋯⋯⋯⋯⋯⋯⋯⋯ 140

白栎　*Quercus alba* L. ⋯⋯⋯⋯⋯⋯⋯⋯⋯⋯⋯⋯⋯⋯⋯⋯⋯⋯⋯⋯⋯⋯⋯ 141

柞木　*Quercus mongolica* Fisch. et Turcz. ⋯⋯⋯⋯⋯⋯⋯⋯⋯⋯⋯⋯⋯⋯ 142

红栎　*Quercus rubra* L. ⋯⋯⋯⋯⋯⋯⋯⋯⋯⋯⋯⋯⋯⋯⋯⋯⋯⋯⋯⋯⋯⋯ 143

棱柱木　*Gonystylus* spp. ⋯⋯⋯⋯⋯⋯⋯⋯⋯⋯⋯⋯⋯⋯⋯⋯⋯⋯⋯⋯⋯⋯ 144

光毛药树　*Goupia glabra* Aubl. ⋯⋯⋯⋯⋯⋯⋯⋯⋯⋯⋯⋯⋯⋯⋯⋯⋯⋯⋯ 145

枫香　*Liquidambar formosana* Hance. ················ 146

苞芽树　*Irvingia malayana* Oliv. ex Benn. ··········· 147

美洲山核桃　*Carya illinoinensis*（Wange.）K. Koch ··········· 148

黑核桃　*Juglans nigra* L. ················ 149

核桃木　*Juglans regia* L. ················ 150

绿心樟　*Chlorocardium rodiei*（Schomb.）Rohwer，H.G.Richt. & van der Werff ··········151

香樟　*Cinnamomum camphora* ··········152

坤甸铁樟木　*Eusideroxylon zwagri* Teijsm. & Binnend. ·············· 153

楠木　*Phoebe* zhennan S. K. Lee & F. N. Wei ············· 154

檫木　*Sassafras tzumu*（Hemsl.）Hemsl ·············· 155

纤皮玉蕊　*Couratari* spp. ················ 156

香灰莉　*Fagraea fragrans* Roxb. ·············· 157

摩鹿加八宝树　*Duabanga moluccana* Blume ············· 158

北美鹅掌楸　*Liriodendron tulipifera* L. ············· 159

巴新埃梅木　*Magnolia tsiampacca*（L.）Figlar & Noot. ············· 160

木莲　*Manglietia fordian*a（Hemsl.）Oliv. ············· 161

梧桐　*Firmiana simplex*（L.）W. F. Wight ············· 162

爪哇银叶树　*Heritiera javanica*（Bl.）Kost. ············· 163

霍氏翅苹婆　*Pterygota horsfieldii* Kosterm. ············· 164

黄苹婆　*Sterculia oblonga* Mast. ·············· 165

蝴蝶树　*Tarrietia utilis* Sprague ·············· 166

白梧桐　*Triplochiton scleroxylon* K. Schum. ············· 167

大花米兰　*Aglaia spectabilis*（Miq.）S.S.Jain & S.Bennet ············· 168

香洋椿　*Cedrela odorata* L. ·············· 169

樫木　*Dysoxylum* spp. ················ 170

安哥拉非洲楝　*Entandrophragma angolense* C. DC. ············· 171

大非洲楝　*Entandrophragma* candollei Harms ·············· 172

筒状非洲楝　*Entandrophragma cylindricum* Spraque ············· 173

良木非洲楝　*Entandrophragma utile* Spraque ·············· 174

白驼峰楝　*Guarea cedrata* Pellegr. ·············· 175

11

红卡雅楝　*Khaya ivorensis* A. Chev. ·· 176

塞内加尔卡雅楝　*Khaya senegalensis* A. Juss. ··· 177

毛洛沃楝　*Lovoa trichilioides* Harms ·· 178

苦楝　*Melia azedarach* L. ··· 179

桃花心木　*Swietenia mahagoni*（L.）Jacq. ·· 180

红椿　*Toona* Ciliata Roem ··· 181

香椿　*Toona sinensis*（Juss.）Roem. ·· 182

相思树　*Acacia confusa* Merr. ··· 183

雨树　*Albizia saman*（Jacq.）Merr. ··· 184

硬合欢　*Albizia* spp. ··· 185

大果阿那豆　*Anadenanthera colubrina*（Vell.）Brenan ······································· 186

加蓬圆盘豆　*Cylicodiscus gabunensis* Harms. ··· 187

环果象耳豆　*Enterolobium cyclocarpum*（Jacq.）Griseb. ···································· 188

南洋楹　*Falcataria moluccana*（Miq.）Barneby & J.W.Grimes ·························· 189

腺瘤豆　*Piptadenia africanum* Brenan. ·· 190

木荚豆　*Xylia xylocarpa*（Roxb.）Taub. ··· 191

箭毒木　*Antiaris toxicaria* Lesch. ··· 192

桂木　*Artocarpus* spp. ··· 193

波罗蜜　*Artocarpus* spp. ·· 194

麦粉饱食桑　*Brosimum alicastrum* Huber ·· 195

圭亚那蛇桑　*Pirotinera guianensis* Aubl Huber ··· 196

红饱食桑　*Brosimum rubescens* Taub. ··· 197

染料橙桑　*Maclura tinctoria*（L.）D. Don ex Steud. ··· 198

金柚木　*Milicia excelsa*（Welw.）C.C.Berg（IROKO） ······································ 199

桑树　*Morus alba* L. ··· 200

肉豆蔻　*Myristica* spp. ·· 201

剥皮桉　*Eucalyptus deglupta* Bl. ·· 202

巨桉　*Eucalyptus grandis* W. Hill ··· 203

铁心木　*Metrosideros petiolata* K. et V. ·· 204

黑黄蕊木　*Xanthostemon melanoxylon* Peter G. Wilson & Pitisopa ······················ 205

翼红铁木　*Lophira alata* Banks ex Gaertn. ················ 206

特斯金莲木　*Testulea gabonensis* Pellegr. ················ 207

蒜果木　*Scorodocarpus borneensis* Becc. ················ 208

欧洲白蜡木　*Fraxinus excelsior* L. ················ 209

水曲柳　*Fraxinus mandshurica* Rupr. ················ 210

黄叶树　*Xanthophyllum* spp. ················ 211

克莱小红树　*Anopyxis klaineana*（Pierre）Engl. ················ 212

竹节树　*Carallia brachiata*（Lour.）Merr. ················ 213

风车果　*Combretocarpus rotundatus*（Miq.）Dans ················ 214

狄氏黄胆木　*Nauclea diderrichii* Merrill ················ 215

欧洲甜樱桃　*Prunus avium*（L.）L. ················ 216

美洲黑樱桃　*Prunus serotina* Ehrh. ················ 217

美洲黑杨　*Populus deltoids* Marsh. ················ 218

烈味天料木　*Homalium foetidum*（Roxb.）Benth. ················ 219

檀香木　*Santalum album* L. ················ 220

龙眼木　*Dimocarpus longan* Lour. ················ 221

荔枝木　*Litchi chinensis* Sonn. ················ 222

番龙眼　*Pometia pinnata* J. R. Forster ················ 223

奥特山榄　*Autranella congolensis* A. Chev. ················ 224

毒籽山榄　*Baillonella toxisperma* Pierre ················ 225

非洲金叶树　*Chrysophyllum africanum* A. DC. ················ 226

金叶树　*Chrysophyllum* spp. ················ 227

马来亚子京　*Madhuca utilis*（Ridl.）H. J. Lam. ················ 228

重齿铁线子　*Manilkara bidentata*（A. DC.）A. Chev. ················ 229

考基铁线子　*Manilkara kauki*（L.）Dubard ················ 230

人心果　*Manikara hexandra*（L.）P. Royen ················ 231

胶木　*Palaquium* spp. ················ 232

粗状桃榄　*Pouteria robusta* ················ 233

猴子果　*Tieghemella heckelii* Pierre ················ 234

毛泡桐　*Paulownia tomentosa*（Thunb.）Steud. ················ 235

金檀木　*Cantleya corniculata*（Becc.）Howard.·····················236

大柄船形木　*Scaphium macropodum*（Miq.）Beumee ex Heyne.·····················237

光四籽木　*Tetramerista glabra* Miq.·····················238

荷木　*Schima superb* Gaedn. Et Champ.·····················239

蚬木　*Burretiodendron hsienmu* Chun et How·····················240

北美椴木　*Tilia americana* L.·····················241

白榆　*Ulmus pumila* L.·····················242

榉木　*Zelkova schneideriana* Hand.-Mazz.·····················243

菲律宾朴　*Celtis philippinensis* Blanco·····················244

朴木　*Celtis sinensis* Pers.·····················245

柚木　*Tectona grandis* L.·····················246

夸雷木　*Qualea* spp.·····················247

维腊木　*Bulnesia* spp.·····················248

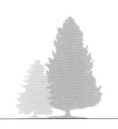

针叶木材

贝壳杉 *Agathis dammara*（Lamb.）Rich. & A. Rich

原木段

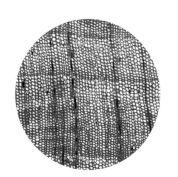

弦（或径）面纹理

横切面微观图

【中文名】 贝壳杉

【学名】 *Agathis dammara*（Lamb.）Rich. & A. Rich.

【科属】 南洋杉科 Araucariaceae
贝壳杉属 *Agathis*

【木材名称】 贝壳杉

【地方名称／英文名称】 Kauri pine（新西兰），Agathis（印度尼西亚），Almaciga（菲律宾），Damar minyak，Malayan kauri（马来西亚）等

【市场不规范名称】 卡里松

【产地及分布】 分布于马来半岛和菲律宾。

【木材材性】 心材浅褐色，与边材区别不明显；边材色浅。木材有光泽；无特殊气味和滋味；纹理直；结构甚细而均匀；重量轻；干缩小。木材硬度软至略软，力学强度低(在针叶树材中属略高)。木材干燥性质良好；不耐腐，不抗白蚁蛀蚀；防腐处理不难。木材加工容易，切面光滑；握钉力强。

【木材用途】 木材可用作房屋结构，良好的室内装饰和镶嵌板材料；高级细木工制品、直尺、绘图板、火柴、铅笔、木模型、生活器具、家具、箱盒等；适用于制造胶合板及单板。

【中文名】红桧

【学名】*Chamaecyparis formosensis* Matsum.
【科属】柏科 Cupressaceae
　　　　扁柏属 *Chamaecyparis*
【木材名称】扁柏
【地方名称 / 英文名称】松梧、松罗、黄桧、薄皮（中国台湾）

原木段

弦（或径）面纹理

【产地及分布】产于我国台湾。

【木材材性】木材纹理直、结构较细、均匀；木材光泽强、有香气。木材天然耐久性好；材质较轻软，耐韧性强；切削容易、切面光滑。

【木材用途】木材可作为优良的建筑、船舶用材，也用于家具、室内装修、箱盒、雕刻、工艺品等。

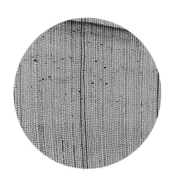

横切面微观图

柏木 *Cupressus funebris Endl.*

原木段

弦（或径）面纹理

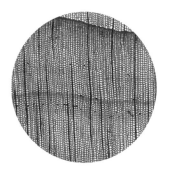

横切面微观图

【中文名】柏木

【学名】*Cupressus funebris Endl.*

【科属】柏科 Cupressaceae
　　　　柏木属 *Cupressus*

【木材名称】柏木

【地方名称 / 英文名称】香扁柏、垂丝柏（四川），扫帚柏（湖南），柏木树、柏香树（湖北），柏树（浙江），密密松（河南）

【产地及分布】分布很广，产于浙江、福建、江西、湖南、湖北西部、四川北部及西部大相岭以东、贵州东部及中部、广东北部、广西北部、云南东南部及中部等地；以四川、湖北西部、贵州栽培最多，生长旺盛；江苏南京等地也有栽培。

【木材材性】木材纹理直或斜，结构较细页均匀；具柏木香气、味苦；天然耐腐性好；切削容易、切面光滑。气干密度 0.53～0.60g/cm^3。

【木材用途】木材常用于家具、细木工、雕刻、玩具、工艺品；也用于建筑，如柱子、搁栅；以及室内装修，造船和车辆。

香脂冷杉 *Abies balsamea*（L.）Mill.

原木段

【中文名】香脂冷杉

【学名】*Abies balsamea*（L.）Mill.

【科属】松科 Pinaceae

冷杉属 *Abies*

【木材名称】冷杉

【地方名称/英文名称】Balsam fir，
Canadian fir，Silver fir

【市场不规范名称】白松

【产地及分布】分布于加拿大中部至东南部，以及美国东北部。

【木材材性】心材白色、浅黄色或浅褐色。木材纹理直；结构中至细；重量轻；硬度软。气干密度 0.42～0.48g/cm³。

【木材用途】木材适用于轻型建筑结构材、胶合板、箱盒、包装用材、制浆造纸。

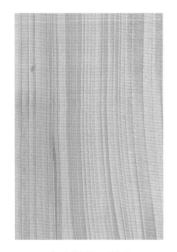

弦（或径）面纹理

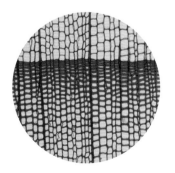

横切面微观图

落叶松 *Larix gmelinii* (Rupr.) Kuzen

原木段

【中文名】落叶松

【学名】*Larix gmelinii* (Rupr.) Kuzen.

【科属】松科 Pinaceae

　　　　落叶松属 *Larix*

【木材名称】落叶松

【地方名称 / 英文名称】兴安落叶松；

Dahurian larch

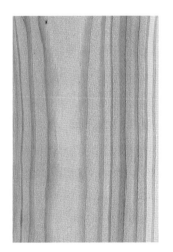

弦（或径）面纹理

【产地及分布】分布于俄罗斯西伯利亚、远东至堪萨斯地区，以及我国大兴安岭地区。

【木材材性】心材黄褐色至红褐色，与边材区别不明显。木材纹理直；结构中至细；重量轻；硬度软。气干密度 $0.58 \sim 0.68 g/cm^3$。

【木材用途】木材适用于矿柱、建筑结构材、车辆、船舶、地板龙骨以及包装箱、造纸。

横切面微观图

恩氏云杉 *Picea engelmannii* Parry ex Engelm.

原木段

弦（或径）面纹理

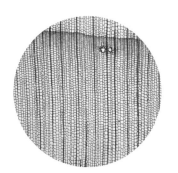

横切面微观图

【中文名】 恩氏云杉

【学名】 *Picea engelmannii* Parry ex Engelm.

【科属】 松科 Pinaceae

云杉属 *Picea*

【木材名称】 云杉

【地方名称 / 英文名称】 Engelmann spruce，Mountain spruce，White spruce

【市场不规范名称】 白松

【产地及分布】 分布于加拿大西南部至美国西北部。

【木材材性】 结构中或细；重量轻；质地软或略软。气干密度 0.45g/cm³。

【木材用途】 木材适用于纸浆（新闻报纸和高档用纸）、小木桶、箱盒、框架、普通建筑用材（薄板、厚板和原木）、门、窗、乐器（用作音板）、车厢、船、家具、橱柜、仪器盒、梯子、木浆、冷藏库等。

红松 *Pinus koraiensis* Sieb & Zucc.

原木段

【中文名】红松

【学名】 *Pinus koraiensis* Sieb. & Zucc.

【科属】 松科 Pinaceae

　　　　松属 *Pinus*

【木材名称】 软木松

【地方名称／英文名称】 海松、果松、朝鲜松、东北松

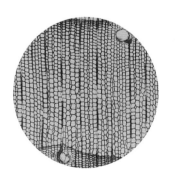

弦（或径）面纹理

【产地及分布】 分布于我国黑龙江流域，以及朝鲜、俄罗斯远东至西伯利亚地区。

【木材材性】 木材纹理直；结构细。质轻、软。气干密度 $0.41 \sim 0.50 \text{g/cm}^3$。

【木材用途】 木材适用于模具、木雕、细木工板、门槛、门楣、包装箱及临时性建筑用材。

横切面微观图

马尾松 *Pinus massoniana* Lamb.

原木段

弦（或径）面纹理

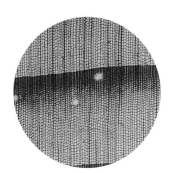

横切面微观图

【中文名】马尾松

【学名】*Pinus massoniana* Lamb.

【科属】松科 Pinaceae

松属 *Pinus*

【木材名称】硬木松

【地方名称 / 英文名称】山松、青松；
Masson Pine

【产地及分布】产于江苏南部、安徽、浙江、福建、台湾、江西、湖北、湖南、广东、广西、贵州、云南、四川、甘肃南部、陕西南部及河南南部。

【木材材性】木材纹理直或斜；结构粗，不均匀；软或中；干缩中等；强度低或中；冲击韧性中。干燥容易；心材耐腐，边材不耐腐，易遭白蚁袭击，不抗海生钻木动物；切削较困难，锯解有夹锯现象，油漆和胶黏性不佳，握钉力强。气干密度 0.52～0.65g/cm³。

【木材用途】木材适用于房屋建筑、木桶、箱盒、橱柜等，还可做胶合板、纸浆、包装箱等。

辐射松 *Pinus radiata* D. Don

松科 Pinaceae

原木段

【中文名】辐射松

【树种】 *Pinus radiata* D. Don
【科属】 松科 Pinaceae
　　　　松属 *Pinus*
【木材名称】 硬木松
【地方名称 / 英文名称】 Radiata Pine，Monterey Pine，Insignis Pine
【市场不规范名称】 智利松、新西兰松

【产地及分布】 原产于美国加利福尼亚，在新西兰、澳大利亚、南美洲和南非有栽培。原木及其制材品主要来自新西兰和智利。

【木材材性】 心材浅褐色至褐色，边材黄白色。纹理直；结构粗至略粗。气干密度 0.48g/cm³。

【木材用途】 木材通常作为包装用材及其他对承重和强度要求不高的建筑材，还用于旋切单板、制造胶合板、制浆造纸。

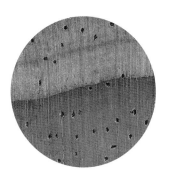

弦（或径）面纹理

横切面微观图
（粗视图）

北美黄杉 *Pseudotsuga menziesii* (Mirb.) Franco

原木段

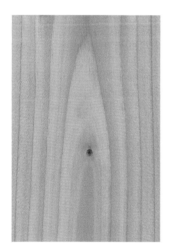

弦（或径）面纹理

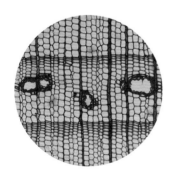

横切面微观图

【中文名】北美黄杉

【学名】*Pseudotsuga menziesii*（Mirb.）Franco
【科属】松科 Pinaceae
　　　　黄杉属 *Pseudotsuga*
【木材名称】黄杉
【地方名称 / 英文名称】Douglas fir，Oregon pine
【市场不规范名称】花旗松

【产地及分布】广泛分布于北美洲西部。
【木材材性】木材纹理通常直；结构略粗至非常粗。重量略轻（气干密度 0.49g/cm³，落基山类型）至略重（气干密度 0.55g/cm³，太平洋沿岸类型）。
【木材用途】木材适用于旋切单板、胶合板（在北美洲广泛用作结构用合板）、房建用材（板材和柱子）及建筑结构材。

异叶铁杉 *Tsuga heterophylla*（Raf.）Sarg

原木段

【中文名】异叶铁杉

【学名】 *Tsuga heterophylla*（Raf.）Sarg.
【科属】 松科 Pinaceae
　　　　铁杉属 *Tsuga*
【木材名称】 铁杉
【地方名称 / 英文名称】 Pacific hemlock，
West coast hemlock，White hemlock

弦（或径）面纹理

【产地及分布】 分布于加拿大西部至美国西北部。
【木材材性】 木材纹理直；结构中至略粗，不太均匀；重量轻；稍软。气干密度 0.46g/cm³。
【木材用途】 心材浅黄白至浅红褐色，晚材常为玫瑰色，有时带紫，边材色浅。木材适用于胶合板、箱盒、包装用材、托盘、木结构框架；房建用材（板材和柱子）及建筑结构材。

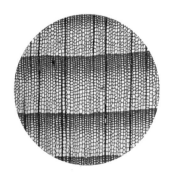

横切面微观图

红豆杉 *Taxus wallichiana* var. *chinensis*（Pilg.）Florin

原木段

【中文名】红豆杉

【学名】*Taxus wallichiana* var. *chinensis*（Pilg.）
　　　　Florin
【科属】红豆杉科 Taxaceae
　　　　红豆杉属 *Taxus*
【木材名称】红豆杉
【地方名称 / 英文名称】孔雀杉、孔雀松；
Sugi，Japanese cedar

【产地及分布】分布于甘肃南部、陕西西部、安徽南部的黄山地区、浙江、福建、湖南东北部、湖北西部、四川、贵州、广西北部、云南东部。

【木材材性】木材纹理直或斜；结构甚细、均匀；重量中等，硬度中等；干缩小，稳定性好；利于车旋，耐磨损。气干密度 0.62～0.76g/cm³。

【木材用途】木材适用于车工制品、玩具、雕刻、工艺品；以及高级家具、刨切装饰薄木等。

弦（或径）面纹理

横切面微观图

柳杉 *Cryptomeria japonica*（Thunb. ex L.f.）D.Don

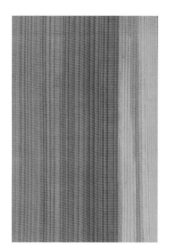

原木段

【中文名】柳杉

【学名】 *Cryptomeria japonica*（Thunb. ex L.f.）D.Don

【科属】 杉科 Taxodiaceae

柳杉属 *Cryptomeria*

【木材名称】 柳杉

【地方名称/英文名称】 天杉、孔雀杉、孔雀松；Sugi，Japanese cedar

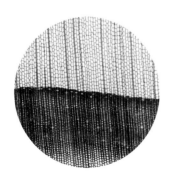

弦（或径）面纹理

【产地及分布】 日本。我国长江流域以南地区也产柳杉（*Cryptomeria japonica* var. *sinensis*）。

【木材材性】 木材纹理直；结构中，均匀；重量轻，质地软；有香气，耐腐性好；干缩小，稳定性好。气干密度 $0.34 \sim 0.48 \mathrm{g/cm^3}$。

【木材用途】 木材是日本首要的建筑用材，用于房屋、柱子、屋架、门窗；适用于电杆、桩木、船舶、木盆、木桶及包装箱等。

横切面微观图

杉木 *Cunninghamia lanceolata*（Lamb.）Hook.

原木段

【中文名】杉木

【学名】 *Cunninghamia lanceolata*（Lamb.）
Hook.

【科属】 杉科 Taxodiaceae
杉木属 *Cunninghamia*

【木材名称】 杉木

【地方名称/英文名称】 杉树、沙木；
Common China-fir

弦（或径）面纹理

【产地及分布】 广泛分布于我国长江流域以南地区，南至福建、广东沿海，西至广西、四川，北达淮河、秦岭南坡；尤以四川、广东、广西、贵州、湖南、江西、福建为多。

【木材材性】 木材纹理直；结构中，均匀；重量轻，质地软；有香气，耐腐性好；干缩小，稳定性好。气干密度 $0.32 \sim 0.42 g/cm^3$。

【木材用途】 木材适用于电杆、桩木；房屋搁栅、柱子、屋架、门窗；船舶、木盆、木桶及包装箱等。

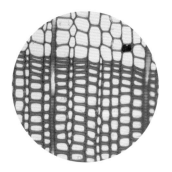

横切面微观图

阔叶木材

大叶槭 *Acer macrophyllum* Pursh

槭树科 Aceraceae

【中文名】大叶槭

【学名】*Acer macrophyllum* Pursh

【科属】槭树科 Aceraceae

槭树属 *Acer*

【木材名称】软槭木

【地方名称 / 英文名称】Broad-leaved maple，Bigleaf maple，Oregon maple

【市场不规范名称】枫木、软枫

原木段

弦（或径）面纹理

【产地及分布】加拿大、美国西北部。

【木材材性】心材浅褐色，边材色浅。木材纹理直、结构细、均匀；车旋、胶合、涂饰性好；气干密度 0.55g/cm³。

【木材用途】木材适用于刨切或旋切装饰单板、胶合板、细木工制品、车旋制品、乐器、家具、日用品、门窗及其他室内装修等。

横切面微观图

糖槭 *Acer saccharum* Marshall

原木段

【中文名】糖槭

【学名】 *Acer saccharum* Marshall

【科属】 槭树科 Aceraceae
槭树属 *Acer*

【木材名称】 硬槭木

【地方名称 / 英文名称】 Hard maple，sugar maple，rock maple

【市场不规范名称】 糖枫、硬枫、加拿大枫木

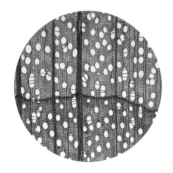

弦（或径）面纹理

【产地及分布】 北美洲东北部地区。

【木材材性】 糖槭是硬枫木类的代表种，木材纹理通常直，结构细而匀；木材有光泽；木材略硬重，强度高、冲击韧性好、耐磨；车旋、胶合、涂饰性好。木材切削面光洁、磨光性能良好；气干密度 0.71g/cm^3。

【木材用途】 木材是优良的钢琴骨架、小提琴背板、保龄球道、体育馆地板、运动器材（如球棒、拍柄、跳板等）用材；还适用于刨切或旋切装饰单板、胶合板、细木工制品、车旋制品、玩具、乐器、家具、日用木制品、门窗及其他室内装修、工作台等。硬槭木中常呈现鸟眼花纹和波状花纹，是著名的装饰用材。

横切面微观图

烈味斑纹漆 *Astronium graveolens* Jacq.

原木段

【中文名】烈味斑纹漆

【学名】*Astronium graveolens* Jacq.

【科属】漆树科 Anacardiaceae

斑纹漆属 *Astronium*

【木材名称】斑纹漆

【地方名称/英文名称】Goncalo alves，Tigerwood，Jobillo，Gurarita，Gateado，Zebrawood，Tigerwood

【市场不规范名称】斑马木、虎斑木

弦（或径）面纹理

【产地及分布】产于中美洲、南美洲，自墨西哥、哥伦比亚、委内瑞拉至巴西、阿根廷、巴拉圭等地。

【木材材性】木材纹理交错，结构很细，均匀；木材具光泽。干缩大。木材甚重、强度高，耐磨损；木材具有极好的天然耐久性；抗白蚁、耐腐菌；具较高抗吸湿性，因而不易胶合车旋，抛光性好，耐候性好。木材红褐色带深褐色条纹，颇具装饰性。气干密度 $0.88 \sim 1.01 g/cm^3$。

【木材用途】木材宜作建筑地板、家具橱柜、车旋制品、雕刻、细木工制品、玩具、运动器材（如箭弓、球杆、拍柄等）、工具柄、刀柄等。

横切面微观图

坎诺漆 *Campnosperma* spp.

原木段

【中文名】坎诺漆

【学名】*Campnosperma* spp.

【科属】漆树科 Anacardiaceae

坎诺漆属 *Campnosperma*

【木材名称】坎诺漆

【地方名称／英文名称】Terentang，Nang pron，Karamati，Talantang 等

【市场不规范名称】印尼漆、胡桃木、黄金胡桃木

弦（或径）面纹理

【产地及分布】分布于菲律宾、马来西亚至巴布亚新几内亚，中美洲、南美洲及非洲也有分布。

【木材材性】木材纹理浅至深交错；结构细。气干密度 $0.20 \sim 0.56 \text{g/cm}^3$。

【木材用途】木材适用于地板地楞、集成材、胶合板、家具及包装用材等。

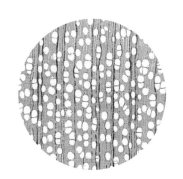

横切面微观图

人面子 *Dracontomelon dao* Merr. Et Rolfe

原木段

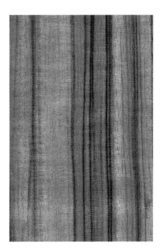

弦（或径）面纹理

横切面微观图

【中文名】人面子

【学名】*Dracontomelon dao* Merr. Et Rolfe

【科属】漆树科 Anacardiaceae

人面子属 *Dracontomelon*

【木材名称】人面子木

【地方名称／英文名称】Dao（菲律宾），Mati anak（马来西亚），Kaili laki，Dahu ketjil daun，Dahu，Sengkuang，Basuong（印度尼西亚），Pacific walnut，New Guinea walnut（英国）等

【市场不规范名称】巴新核桃木、南洋核桃木

【产地及分布】分布地区很广，包括我国，东南亚（主要是菲律宾）至西南亚，太平洋群岛。

【木材材性】心材类似核桃，灰褐色或灰黄色至黄绿色，有深褐色或近黑色的长弦带，与边材区别明显；边材红黄或灰黄色。木材有光泽；无特殊气味与滋味；纹理直或交错，有时呈波浪纹理；结构略粗，均匀。重量中至轻；干缩小至中；木材软至中；强度中至低。木材干燥性质良好。在室外不耐腐，易受白蚁危害。木材加工容易，刨面光滑，成品表面精致度很高。

【木材用途】木材可做高级橱柜，亦可用作家具和室内装修，镶嵌板，刨切装饰单板和胶合板，材色不佳的可作临时结构材料、百叶窗板、建筑模板、包装箱盒等。

胶漆木 *Gluta renghas* L.

原木段

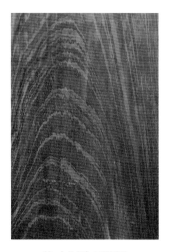

弦（或径）面纹理

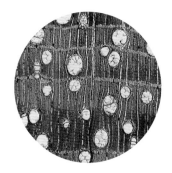

横切面微观图

【中文名】胶漆木

【学名】 *Gluta renghas* L.

【科属】 漆树科 Anacardiaceae
　　　　　胶漆树属 *Gluta*

【木材名称】 胶漆木

【地方名称 / 英文名称】 胶漆属常与黑漆树属 *Melanorrhoea* 和乌汁漆属 *Melanochyla* 合称为 Rengas（马来西亚、印度尼西亚），Rangai，Rengas tembaga，Rengas hutan（印度尼西亚），Inghas（东南加里曼丹），Borneo Rosewood，Tiger rengas

【市场不规范名称】 红心漆、缅红漆

【产地及分布】 主产于马来西亚及印度尼西亚一带，可分布至巴面亚新几内亚、缅甸、柬埔寨、越南；多靠河边生长。

【木材材性】 心材浅红褐色，有时具黑色条纹。木材纹理常交错；结构细至甚细，均匀。重量中至重，干缩甚小；木材硬至甚硬；强度中。木材干燥速度稍慢；较耐腐。气干密度为 0.64～0.96g/cm³。

【木材用途】 木材适用于制造家具和其他木工制品，以及镶嵌板、地板、木船龙骨、刨切单板、车工制品、工具柄、手杖等。树皮和木材中含有害树液，给加工者带来一定影响。

紫油木 *Pistacia weinmannifolia J. Poiss. ex Franch.*

原木段

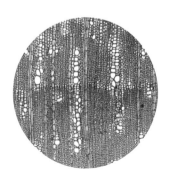

弦（或径）面纹理

【中文名】紫油木

【学名】*Pistacia weinmannifolia* J. Poiss.ex Franch.

【科属】漆树科 Anacardiaceae
黄木莲属 *Pistacia*

【木材名称】紫油木

【地方名称／英文名称】清香木（《中国高等植物图鉴》），细叶楷木（四川），香叶树、紫叶、清香树、对节皮、昆明乌木（云南）

【市场不规范名称】广西黄花梨

【产地及分布】产于云南、西藏东南部、四川、贵州和广西西南部。缅甸掸邦也有分布。

【木材材性】木材呈紫红或黑褐色，常具黑色纵向条纹。木材具光泽；纹理斜；结构甚细，均匀；较重、硬，强度也较大，加工较难；天然耐腐性强，抗蚁蛀。气干密度约$1.0g/cm^3$。

【木材用途】木材可做二胡琴筒及琴柄等，也宜做秤杆、算盘、手杖、烟斗、农具、桩、柱、工具柄，以及雕刻和其他工艺品。

横切面微观图

多花斯文漆 *Swintonia floribunda* Griff.

原木段

弦（或径）面纹理

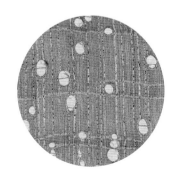

横切面微观图

【中文名】 多花斯文漆

【学名】 *Swintonia floribunda* Griff.

【科属】 漆树科 Anacardiaceae
　　　　斯文漆属 *Swintonia*

【木材名称】 斯文漆木

【 地 方 名 称 / 英 文 名 称 】 Merpauh，
Merpauh pering（马来西亚），Civit（缅甸），
Moum（柬埔寨、越南）

【产地及分布】 主要分布于印度和安达曼群岛、巴基斯坦、斯里兰卡、缅甸、马来亚半岛、泰国、印度支那、印度尼西亚。

【木材材性】 木材纹理直至略交错；结构中，略均匀；重量重至中，质地硬，强度中；顺锯和横断都困难，旋切和刨切容易，切面光滑；略难钉钉，握钉力好。气干密度 $0.64 \sim 0.88 \text{g/cm}^3$。

【木材用途】 木材可用作家具，室内装饰（如护墙板、镶嵌板、百叶窗、隔墙板、地板），建筑木制品、轻型至中型结构、包装箱、板条箱等，还适用于旋制单板、制造胶合板。

小脉夹竹桃 *Dyera costulata* Hook.f.

原木段

【中文名】小脉夹竹桃

【学名】*Dyera costulata* Hook.f.

【科属】夹竹桃科 Apocynaceae

夹竹桃木属 *Dyera*

【木材名称】夹竹桃木

【地方名称/英文名称】Jelutong（马来西亚、泰国），Jelutong bukit（马来西亚沙巴），Tinpeddaeng（泰国），Njalutung（印度尼西亚）

弦（或径）面纹理

【产地及分布】分布于马来亚半岛、泰国、印度支那、印度尼西亚和东印度群岛（包括菲律宾群岛、新几内亚、太平洋诸岛）等地。

【木材材性】木材纹理直至交错；结构细，均匀；重量轻；干缩甚小；硬度软至甚软；强度低。木材干燥快；不耐腐；晚蓝变；胶黏性好。气干密度 0.44g/cm³。

【木材用途】木材可作模型、图画板、木屐、雕刻、普通铅笔、胶合板。

横切面微观图

白桦 *Betula platyphylla* Suk.

原木段

【中文名】白桦

【学名】*Betula platyphylla* Suk.

【科属】桦木科 Betuleae

　　　桦木属 *Betula*

【木材名称】桦木

【地方名称/英文名称】Japanese Birch，Asian White Birch；兴安白桦（东北地区），粉桦，桦皮树

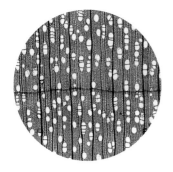

弦（或径）面纹理

【产地及分布】遍及我国东北各林区，以大兴安岭为最多，华北也有。俄罗斯的西伯利亚东部和远东地区、朝鲜、日本亦有分布。

【木材材性】木材有光泽；无特殊气味和滋味；纹理直；结构甚细，均匀；重量中，硬度软或中；干缩小；强度低至中，或中；冲击韧性中或高。木材干燥颇快，不耐腐，抗蚁性弱；切削容易，利于车旋；油漆后光亮性好；胶黏容易；握钉力大。气干密度 0.61～0.65g/cm³。

【木材用途】木材适用于旋切单板、胶合板，板材可制家具、箱、盒、门、窗、地板、车辆、工农具柄、文具用材及生活用材等。

横切面微观图

中美洲蚁木 *Tabebuia guayacan*（Seem.）Hemsl.

原木段

【中文名】中美洲蚁木
　　　　（中美洲风铃木）

【学名】*Tabebuia guayacan*（Seem.）Hemsl.
　　　　[*Handroanthus guayacan*（Seem.）
　　　　S. O. Grose]
【科属】紫葳科 Bignoniaceae
　　　　蚁木属 *Tabebuia*
【木材名称】重蚁木
【地方名称/英文名称】Guayacan，Ipe，
Lapacho，Brazilian Walnut

弦（或径）面纹理

【产地及分布】分布于热带美洲和西印度群岛。

【木材材性】木材硬重、纹理交错或直、结构细而均匀、强度高、干缩大，木材耐腐抗蚁。锯解加工困难。气干密度约 1.12g/cm³。

【木材用途】木材适用于重型建筑、梁柱、枕木、矿柱、电杆、载重地板、车辆、造船、家具、工具柄、体育器材、细木工、车旋材等。

横切面微观图

红蚁木 *Tabebuia rosea*（Bertol.）Bertero ex A.DC.

【中文名】红蚁木

【学名】 *Tabebuia rosea*（Bertol.）Bertero
ex A.DC.

【科属】 紫葳科 Bignonlaceae
蚁木属 *Tabebuia*

【木材名称】 蚁木

【地方名称／英文名称】 Roble de sabana，
roble prieto，apamate，maculis，palo de
rosa（墨西哥），White-cadar，Warakuri
（圭亚那），Zwamp panta（苏里南），Bois
blanchet，Cedre blanc（法属圭亚那）
Cedre blanc（法属圭亚那）

原木段

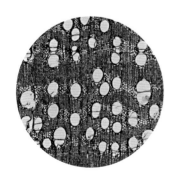

弦（或径）面纹理

【产地及分布】 分布于热带中美洲至南美洲地区。

【木材材性】 木材纹理直或斜；结构甚细、均匀；重量中等、硬度中等；干缩小、稳定性好；利于车旋、耐磨损。气干密度 $0.62 \sim 0.76 g/cm^3$。

【木材用途】 木材一般用于建筑材、地板、造船材、车辆材、家具、箱盒、体育用材、农具用材、单板、胶合板、室内装修、细木工、纤维板、刨花板。

横切面微观图

木棉 *Bombax ceiba* L.

原木段

【中文名】木棉

【学名】*Bombax ceiba* L.

【科属】木棉科 Bombaceae
　　　　木棉属 *Bombax*

【木材名称】木棉

【地方名称／英文名称】Common Bombax；
攀枝花（四川、云南、福建），攀枝（福建）
等

弦（或径）面纹理

【产地及分布】产于我国福建、广东、海南、广西、云南、贵州、四川和台湾。

【木材材性】木材纹理直；结构粗，均匀；甚轻，甚软，干缩甚小；强度很低。木材干燥快；稍耐腐；不抗蚁蛀，易遭多种昆虫危害；在水中能耐久；锯解时板面发毛厉害，但施刨后板面也相当光滑；油漆后光亮性差；容易胶黏；握钉力很差，不劈裂。气干密度 0.31g/cm³。

【木材用途】木材甚轻软，可做瓶塞，衬板，飞机、雪鞋等的缓冲材料，也适宜做纸浆；绝缘性能良好，可做圆木、笼屉、冰柜、冰箱里衬、饭甑、锅盖、汤勺柄、风箱等电热绝缘材料。此外，木材也用作包装箱、模型、火柴杆、游艇、箱柜等普通家具等。

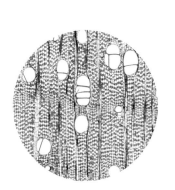

横切面微观图

轻木 *Ochroma pyramidale*（Cav. ex Lam.）Urb.

原木段

弦（或径）面纹理

横切面微观图

【中文名】轻木

【学名】*Ochroma pyramidale*（Cav. ex Lam.）Urb.

【科属】木棉科 Bombaceae
　　　　轻木属 *Ochroma*

【木材名称】轻木

【地方名称／英文名称】Balsa，Balsa wood

【产地及分布】原产于热带美洲地区。我国有引种，分布于贵州、四川和台湾。

【木材材性】木材纹理直；结构粗，均匀；甚轻，甚软，干缩甚小；强度很低。干燥快、吸水容易；不耐腐、易蓝变；易遭白蚁及其他虫害；锯刨时板面易起毛；容易胶黏；握钉力很差，不劈裂。气干密度 $0.13 \sim 0.25 \mathrm{g/cm}^3$。

【木材用途】木材甚轻软，适用于作防声、热、电、震等的绝缘材料；可做浮标、木筏、瓶塞，衬板，飞机模型，还可用作包装材料、医用夹板、模型、玩具、纸浆原料等。

蒜味破布木 *Cordia alliodora*〔Ruiz & Pav.〕Oken

原木段

【中文名】蒜味破布木

【学名】*Cordia alliodora*〔Ruiz & Pav.〕Oken
【科属】紫草科 Boraginaceae
　　　　破布木属 *Cordia*
【木材名称】美洲破布木
【地方名称 / 英文名称】Cypre，Aalmwood，
Laurel Blanco，Freijo

弦（或径）面纹理

【产地及分布】分布于墨西哥南部至巴西的热带美洲地区。
【木材材性】木材有光泽；纹理直或略交错；结构略粗；均匀；重量中等；强度中等。略耐腐，较抗白蚁侵害。木材加工容易，锯、刨、旋、切、钉钉均易；胶合性能好。气干密度 0.57g/cm³。
【木材用途】木材适用于细木工、装饰单板、胶合板、内外部装修材、家具、造船等；为巴西较珍贵木材，为桃花心木替代树种。

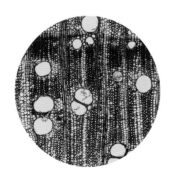

横切面微观图

十二雄蕊破布木 *Cordia goeldiana* A. DC.

原木段

【中文名】十二雄蕊破布木

【学名】 *Cordia goeldiana* A. DC.

【科属】 紫草科 Boraginaceae

破布木属 *Cordia*

【木材名称】 美洲破布木

【地方名称／英文名称】 Ziricote，Canaletta

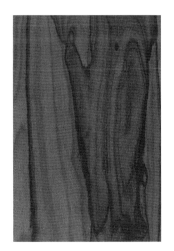

弦（或径）面纹理

【产地及分布】 产于墨西哥和中美洲地区。

【木材材性】 木材纹理直至交错；光泽强，结构细而均匀；因生长轮交错且具黑色轮间条纹，板面呈现特别的"水墨画"（landscape）花纹；木材天然耐腐性好；木材硬重，但加工不难，抛光性好。气干密度 0.81g/cm³。

【木材用途】 木材用于家具、装饰单板、橱柜、枪托、电声乐器（如电吉他）、车旋制品及其他细木工制品。

横切面微观图

奥克榄 *Aucoumea klaineana* Pierre

原木段

【中文名】奥克榄

【树种】 *Aucoumea klaineana* Pierre

【科属】 橄榄科 Burseraceae

　　　　奥克榄属 *Aucoumea*

【木材名称】 奥克榄

【地方名称】 Gaboon（英国），Mofoumou，N'goumi（赤道几内亚），Angouma，Moukoumi，N'koumi，Combo Combo（加蓬）等

【市场不规范名称】 红胡桃

弦（或径）面纹理

【产地及分布】 分布于加蓬、赤道几内亚和刚果（民）等地。

【木材材性】 木材光泽强；无特殊气味和滋味；纹理直；结构细，均匀。木材重量轻干缩中；硬度软；强度低。木材干燥快，性能良好，几乎无翘曲和开裂。木材耐腐性能中等，易受白蚁和菌虫危害，防腐剂浸注中等；木材加工容易，胶黏、钉钉、砂光性能好；旋切性能佳，干燥快，胶合强度高，为胶合板优良用材。气干密度 $0.62 \sim 0.72 \mathrm{g/cm}^3$。

【木材用途】 木材用于生产单板、胶合板、家具、细木工、包装箱（盒）、木模材、纸浆、乐器等。

横切面微观图

非洲橄榄 *Canarium schweinfurthii* Engl.

原木段

弦（或径）面纹理

横切面微观图
（粗视图）

【中文名】非洲橄榄

【学名】*Canarium schweinfurthii* Engl.
【科属】橄榄科 Burseraceae
　　　　橄榄属 *Canarium*
【木材名称】橄榄木
【地方名称/英文名称】African Canarium，Bediwunua，Amonkyi，Eyere，Kantankrui，Kurutwe（加纳），Elemi（尼日利亚），Aiele（科特迪瓦、扎伊尔），Abel（喀麦隆）等

【产地及分布】分布于东非至西非的刚果、扎伊尔、科特迪瓦、尼日利亚、加纳、加蓬、喀麦隆等地。

【木材材性】木材有光泽；纹理交错；结构细，均匀；结构略粗；均匀；木材重量轻，强度中等。心材不耐腐；易受白蚁危害；边材易受粉蠹虫危害和蓝变。木材加工容易，锯、刨、旋、切、钉钉均易。胶合、染色性能好。气干密度 $0.46 \sim 0.53 \text{g/cm}^3$。

【木材用途】木材适用于旋切和刨切装饰单板，胶合板，家具，室内装饰如门、护墙板、镶嵌地板、纸浆等。

黄杨 *Buxus sinica*（Rehd. et Wils.）Cheng

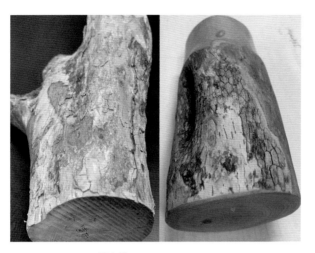

原木段

【中文名】黄杨

【学名】*Buxus sinica*（Rehd. et Wils.）Cheng

【科属】黄杨科 Buxaceae

　　　黄杨属 *Buxus*

【木材名称】黄杨木

【地方名称 / 英文名称】Boxwood，Common Box

【产地及分布】主要分布于我国河南、浙江、江西、湖北、重庆、四川等地。

【木材材性】木材鲜黄至黄色，有光泽；结构细而均匀；质地坚韧致密，硬重，车旋、雕刻性好、切削面极光滑。气干密度 0.78～0.90g/cm³。

【木材用途】木材适用于雕刻、车旋制品，以及梳子、玩具、棋子、印章、算盘珠、木管乐器、工艺品、工具柄等。

弦（或径）面纹理

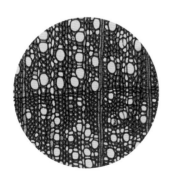

横切面微观图

非洲缅茄 *Afzelia africana* Smith

原木段

【中文名】非洲缅茄

【学名】*Afzelia africana* Smith

【科属】苏木科 Caesalpinoideae
　　　　缅茄属 *Afzelia*

【木材名称】缅茄木

【地方名称 / 英文名称】Doussie，Papo，Kukpalik（加纳），Apa，Alinga（尼日利亚），Azodau，Lingue（科特迪瓦），Afzelia（利比里亚），Bolenug（扎伊尔），Nkokongo（刚果）

弦（或径）面纹理

【产地及分布】分布于东非至西非的刚果、扎伊尔、科特迪瓦、尼日利亚、加纳、加蓬、喀麦隆等地。

【木材材性】木材具光泽；纹理交错；结构细，略均匀。木材重、中等硬度；干缩小；强度高、耐磨性强、稳定耐用；木材干燥慢，干燥性能良好；耐腐性强，能抗白蚁；锯、刨等加工性能中等，加工表面光滑，钉钉困难，握钉力强，胶黏性能好。气干密度 0.78~0.88g/cm³。

【木材用途】木材适用于房屋建筑、室内外连接用木构件、框架、地板、楼梯、造船、高级家具、装饰门和箱柜、室内装修、刨切单板、化工用木桶、实验室台面、工作台、车旋材等。

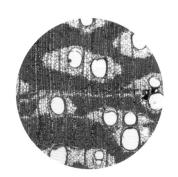

横切面微观图

原木段

【中文名】安哥拉缅茄

【学名】*Afzelia quanzensis*
【科属】苏木科 Caesalpinoideae
　　　　缅茄属 *Afzelia*
【木材名称】缅茄木
【地方名称／英文名称】Pod mahogany，Lucky bean tree，Afzelia，Chemnen，Rhodesian mahogany，Mahogany bean tree（英），Mmbambafofi，jamagi，ramicha（肯尼亚），Chanfuta，Mossacossa（莫桑比克），Mbembakofi，Mkora（坦桑尼亚），Mupapa，Chamfuti（赞比亚）

弦（或径）面纹理

【产地及分布】分布于安哥拉至东非的坦桑尼亚、津巴布韦、莫桑比克、赞比亚、索马里等地的低海拔和干旱林地。

【木材材性】木材具光泽；纹理交错；结构细，略均匀。木材重；干缩小；强度高、耐磨性强、稳定耐用；木材干燥慢，干燥性能良好；耐腐性强，能抗白蚁；锯、刨等加工性能中等，加工表面光滑，钉钉困难，握钉力强，胶黏性能好。气干密度 0.83g/cm³。

【木材用途】木材适用于房屋建筑的结构材、框架、地板、楼梯、造船、铁路枕木、高级家具、装饰门和橱柜、室内装修、胶合板、实验室台面、工作台、车旋材等。

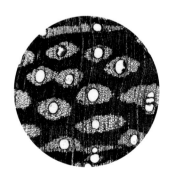

横切面微观图

鞋木 *Berlinia confusa* Hoyle

原木段

【中文名】鞋木

【学名】*Berlinia confusa* Hoyle

【科属】苏木科 Caesalpinoideae

鞋木属 *Berlinia*

【木材名称】鞋木

【地方名称 / 英文名称】Tetekon-nini，Smanta（加纳），Ekpogol（尼日利亚），Melegba，Pocouli（科特迪瓦、喀麦隆），Abem，Essabem（喀麦隆），Ebiara（加蓬），Mpossa（扎伊尔、刚果），Berlinia，Poculi，Red Zebrawood（英国）

【市场不规范名称】玫瑰斑马木

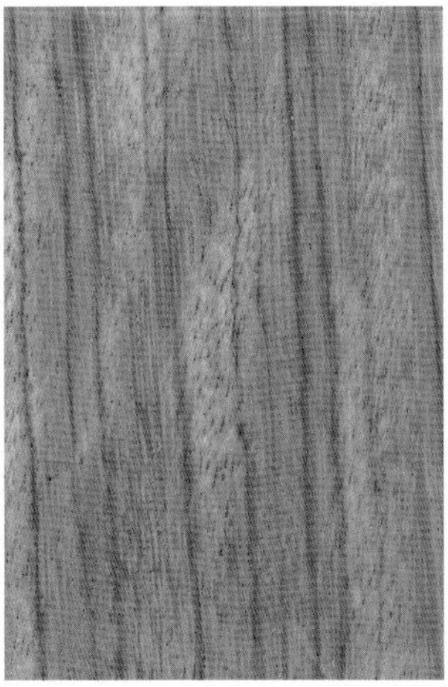

弦（或径）面纹理

【产地及分布】分布于西非至中非，如加纳、尼日利亚、喀麦隆、刚果、科特迪瓦等。

【木材材性】木材纹理常交错；结构中，略均匀；木材重量中等；干缩大；强度高。木材不耐腐至略耐腐，能抗白蚁，易受小蠹虫和海生钻木动物危害，边材防腐剂处理容易，心材困难。木材钉钉性能中等；耐候性好；遇铁有时变色。气干密度 0.72g/cm^3。

【木材用途】木材用于建筑和室内装修、车辆、造船、家具、橱柜、微薄木、车工制品、细木工制品、胶合板。

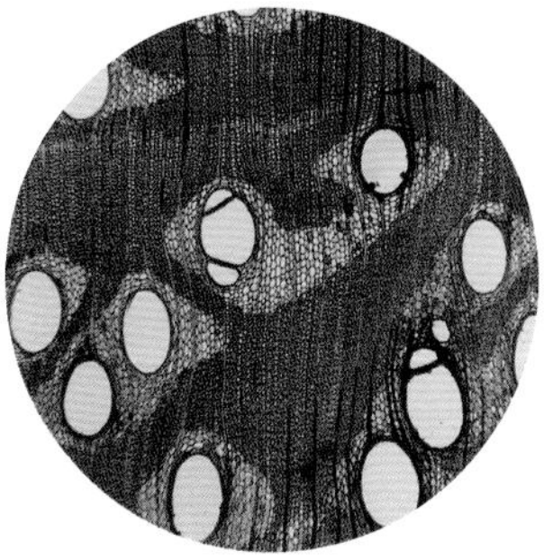

横切面微观图

短盖豆 *Brachystegia cynometroides* Harms

原木段

【中文名】短盖豆

【学名】*Brachystegia cynometroides* Harms

【科属】苏木科 Caesalpinoideae
短盖豆属 *Brachystegia*

【木材名称】短盖豆

【地方名称/英文名称】Kop-Naga（喀麦隆），Okwen（尼日利亚、英国），Naga（法国、喀麦隆）

弦（或径）面纹理

【产地及分布】分布于喀麦隆和尼日利亚等地。

【木材材性】心材红褐色；与边材区分明显；边材色浅。木材具光泽；无特殊气味和滋味；纹理交错；结构细而匀；木材重量中等；干缩大；强度中等。木材干燥速度慢至中；稍有变形，但开裂严重，干燥时尽量慢一些以防缺陷。木材发生耐腐性能中等；能抗干材害虫危害，抗蚁性能中等；防腐剂浸注性能差。木材锯、刨等加工不难，刨面光滑；旋切、刨切性能良好；胶黏性能中等；钉钉容易，为防劈裂，最好先打孔。气干密度 0.60～0.72g/cm³。

【木材用途】木材适用于房屋建筑、室内装修（如楼梯、地板、护墙板）、装饰单板、胶合板、家具部件、食品包装等。

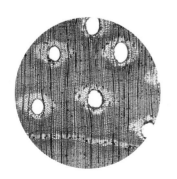

横切面微观图

伯克苏木 *Burkea africana* Hook.

原木段

【中文名】伯克苏木

【学名】*Burkea africana* Hook.

【科属】苏木科 Caesalpinoideae

　　　　伯克苏木属 *Burkea*

【木材名称】伯克苏木

【地方名称/英文名称】Mgando，Mukarati，Msangala（坦桑尼亚）

【市场不规范名称】非洲酸枝

【产地及分布】广泛分布于尼日利亚、纳米比亚、苏丹到南非的稀树草原林中。

【木材材性】木材紫红褐色，具光泽；纹理常交错；结构细而匀；木材重至甚重；强度高。干缩大；强度高。木材很耐腐；无白蚁危害；精加工后表面光滑。气干密度 $0.74 \sim 0.98 \text{g/cm}^3$。

【木材用途】木材用于建筑、高级家具、细木工、造船、雕刻、桥梁、码头、枕木、矿柱等。

弦（或径）面纹理

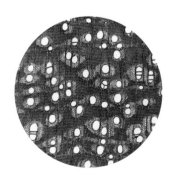

横切面微观图

巴拉圭苏木 *Caesalpinia paraguariensis*（Parodi）Burk.

原木段

【中文名】巴拉圭苏木

【学名】*Caesalpinia paraguariensis*（Parodi）
Burk.

【科属】苏木科 Caesalpinioideae
苏木属 *Caesalpinia*

【木材名称】苏木

【地方名称／英文名称】Brown Ebony，
Guayacan

【市场不规范名称】南美鸡翅、南美酸枝

弦（或径）面纹理

【产地及分布】自热带巴西南部至温带半干旱南美洲地区。

【木材材性】木材栗褐色带棕褐，具光泽；纹理交错；结构细而匀；木材重至甚重；强度高。木材重量中等；干缩大；强度高。木材很耐腐；无白蚁危害；锯、刨加工困难，车削、车旋加区性好，精加工后表面光滑。气干密度 1.16g/cm³。

【木材用途】木材适用于高级家具、细木工、雕刻、车旋制品、重型结构用材。

横切面微观图

可乐豆 *Colophospermum mopane*（Benth.）Leon.

原木段

【中文名】可乐豆

【学名】*Colophospermum mopane*（Benth.）
　　　　Leon.

【科属】苏木科 Caesalpinoideae
　　　　可乐豆属 *Colophospermum*

【木材名称】可乐豆

【地方名称／英文名称】Mopane，Mopani，
Mopanie，Turpentine，Ironwood，Red
Angola copal，Rhodesian ironwood

【市场不规范名称】非洲酸枝

弦（或径）面纹理

【产地及分布】分布于非洲东南部的稀疏草原林和半干旱
地区，主产于安哥拉南部、赞比亚、马拉维、纳米比亚、
博茨瓦纳、津巴布韦、莫桑比克南部和南非北部等地。

【木材材性】木材光泽强，纹理常交错、结构甚细、略均
匀；木材甚重，甚硬；强度很高。木材干燥容易，速度快；
几无开裂和变形。木材很耐腐，能抗白蚁和虫蛀。木材锯、
刨等加工困难，车旋性好，磨光后表面光滑。气干密度约
$1.10g/cm^3$。

【木材用途】木材适用于室外建筑用材，如桩、柱以及家具、
承重地板、镶嵌、车旋制品、薪材和烧炭原料。

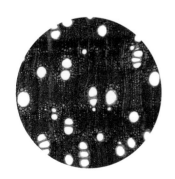

横切面微观图

原木段

【中文名】西非香脂树

【学名】*Copaifera salikounda* Heck.

【科属】苏木科 Caesalpinioideae

　　　　香脂树属 *Copaifera*

【木材名称】香脂树

【地方名称/英文名称】OLumia，Anzem，Andem-Evine（加蓬），Allihia，Nomatou（科特迪瓦），Ohwendua，Entedua（加纳），Etimoe，African Etimoe（英国）

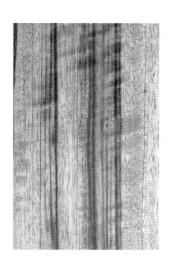

弦（或径）面纹理

【产地及分布】产于西非西区，主要分布在塞拉利昂、利比里亚、喀麦隆、科特迪瓦及加纳等地。

【木材材性】木材具光泽；纹理直至交错；结构细而匀；木材重量中至重；强度高。木材干燥宜慢；耐腐性能中等，能抵抗干木害虫危害，抗蚁性能中等；木材锯、刨等加工容易，切面光滑；胶黏性能良好；钉钉容易。气干密度约 0.78g/cm³。

【木材用途】木材适用于装饰单板、胶合板、家具、细木工和车旋制品等，房屋建筑的梁、柱，室内装修，造船，车辆，码头桩木，枕木，矿柱等。

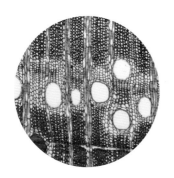

横切面微观图

假凤梨喃喃果 *Cynometra ananta* Hutch. & Dalziel

原木段

弦（或径）面纹理

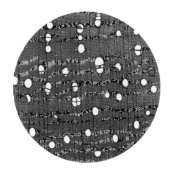

横切面微观图

【中文名】假凤梨喃喃果

【学名】*Cynometra ananta* Hutch. & Dalziel

【科属】苏木科 Caesalpinoideae

喃喃果属 *Cynometra*

【木材名称】喃喃果木

【地方名称/英文名称】Apome，Dah（利比里亚），Ekop-nganga，（喀麦隆），Utuna（扎伊尔）

【产地及分布】分布于非洲利比里亚、喀麦隆、扎伊尔等西非西部。

【木材材性】木材具光泽；纹理直至交错；结构细，均匀；木材重；强度高。木材干燥慢；表面和端面有开裂倾向，但不翘曲。木材耐腐，能抗白蚁危害，防腐剂浸注边材容易。木材加工困难，锯齿易钝；车旋性能良好；钉钉最好先打孔。气干密度 0.90g/cm³。

【木材用途】木材适用于重型建筑、桥梁、码头、矿柱、枕木、电杆、重载地板、家具、造船、雕刻、木模、车工制品等。

西非苏木 *Daniellia klainei* A. Chev.

原木段

【中文名】西非苏木

【树种】*Daniellia klainei* A. Chev.

【科属】苏木科 Caesalpinoideae
　　　西非苏木属 *Daniellia*

【木材名称】西非苏木

【地方名称 / 英文名称】Olengue，Faro，ogea（英），Daniellia（德），lonlaviol（加蓬），copal（利比利亚），bolengu（扎伊尔）

【市场不规范名称】香脂花梨

弦（或径）面纹理

【产地及分布】分布于热带西非地区。

【木材材性】木材具光泽；纹理略交错；结构中；木材轻至中；强度低至中。木材锯、刨等加工容易，切面光滑；旋切性能好，易于钉钉，握钉力好；胶黏性佳。含水率12%，密度 0.51～0.57g/cm³。

【木材用途】木材适用于装饰单板、胶合板、家具、室内装修、包装箱、板条箱、木桶、车工制品等。

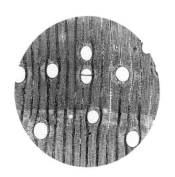

横切面微观图

原木段

【中文名】阔萼摘亚木

【学名】*Dialium platysepalum* Baker

【科属】苏木科 Caesalpinoideae
摘亚木属 *Dialium*

【木材名称】摘亚木

【地方名称/英文名称】Keranji（马来西亚沙巴、印度尼西亚），Kerandji，Kerandji asap（印度尼西亚），Keranji kuning besar（马来西亚）

【市场不规范名称】柚木王、南洋红檀

弦（或径）面纹理

【产地及分布】分布于印度尼西亚、马来西亚等地。

【木材材性】木材光泽强；纹理交错或波浪形，结构细，均匀，重至甚重，干缩小；硬至甚硬；强度很高。木材干燥慢；耐腐；锯稍困难，锯解时有钝锯倾向；刨时因交错纹易产生戗茬，刨刀应锋利才好。木材旋切性能良好，胶黏性能一般。气干密度 0.93～1.08g/cm³。

【木材用途】木材可用于房屋建筑及室内装修、地板、家具、重型木结构、雕刻、造船以及各种工农具柄。

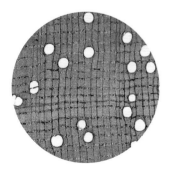

横切面微观图

原木段

【中文名】双柱苏木

【学名】*Dicorynia guianensis* Amsh.

【科属】苏木科 Caesalpinoideae
　　　　双柱苏木属 *Dicorynia*

【木材名称】双柱苏木

【地方名称／英文名称】Angélique
Basralocus，Basralokus，Barakaroeballi（苏里南），Angélique batárd，Angélique gris，Teck de guyane（法属圭亚那）等

【市场不规范名称】南美花梨

弦（或径）面纹理

【产地及分布】分布于苏里南东部、法属圭亚那西部及巴西。

【木材材性】木材光泽强；无特殊气味和滋味；纹理直至略交错；结构略粗而均匀；木材中至重；干缩甚大；强度大。木材干燥快，性能中等。木材很耐腐；能抗白腐蚀、褐腐菌及海生钻木动物危害，抗蚁性能中等；防腐剂处理困难，耐候性佳。精加工好；钉钉略困难；胶黏性能中等。气干密度 0.73~0.79g/cm³。

【木材用途】木材适用于重型建筑、载重地板、家具、室内装饰、车辆、造船、矿柱、枕木、电杆、化工用木桶、车工制品等。某些用途可替代柚木。

横切面微观图

代德苏木 *Didelotia idea* Oldeman & al.

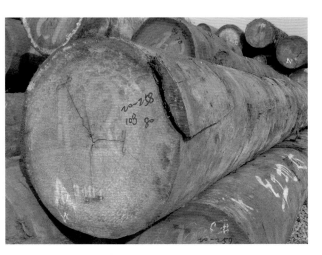

原木段

【中文名】代德苏木

【学名】*Didelotia idea* Oldeman & al.
【科属】苏木科 Caesalpinoideae
代德苏木属 *Didelotia*
【木材名称】代德苏木
【地方名称 / 英文名称】Bondu，Broutou（喀麦隆），Angok（加蓬），Ngoo，Sapo，Toubaouate（利比里亚）

弦（或径）面纹理

【产地及分布】主要分布于西非、中非地区。

【木材材性】木材具光泽；纹理直；结构细而匀；木材重量中，或中至重；干缩中；强度中。木材干燥必须慢，以防开裂。木材略耐腐，有白蚁和小蠹虫危害的倾向，防腐剂浸注边材容易，心材困难。木材加工容易，刨切弦面光滑，因纹理交错，径切面易产生戗茬；旋切、刨切性能良好。气干密度 0.60g/cm³。

【木材用途】木材适用于建筑、室内装饰、家具、微薄木、胶合板、造船、车辆、运动器材、木模、玩具、车工制品等。

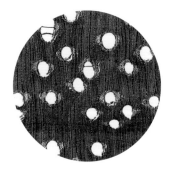

横切面微观图

两蕊苏木 *Distemonanthus benthamianus* Baill.

原木段

【中文名】两蕊苏木

【学名】*Distemonanthus benthamianus* Baill.

【科属】苏木科 Caesalpinoideae

两蕊苏木属 *Distemonanthus*

【木材名称】两蕊苏木

【地方名称/英文名称】Movingui，Nigerian Satinwood，Anyaran，Ayan，Edo（尼日利亚）；Kutreamfo，Duabeyie，Ehoromfia（加纳）等

弦（或径）面纹理

【产地及分布】主产于加纳、科特迪瓦、尼日利亚、喀麦隆、加蓬、刚果、扎伊尔等热带雨林和过渡地区。

【木材材性】木材具光泽；无特殊气味和滋味；纹理交错；结构细而匀；重量中；干缩中等；强度中。木材干燥慢；耐腐性和抗蚁蛀中等；锯、刨等容易；胶黏性能良好；握钉能力亦佳。气干密度约 0.72g/cm³。

【木材用途】木材宜作建筑、耐久材、室内装修、装饰单板、胶合板、普通家具、细木工、农业机械、造船、包装箱盒、乐器、车旋材及冷藏绝缘材料，也可作化工用木桶。

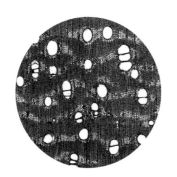

横切面微观图

镰形木荚苏木 *Eperua falcata* Aubl.

原木段

【中文名】镰形木荚苏木

【树种】 *Eperua falcata* Aubl.
【科属】 苏木科 Caesalpinoideae
　　　　木荚苏木属 *Eperua*
【木材名称】 木荚苏木
【地方名称 / 英文名称】 Wallaba，Parawe，Soft wallaba，White wallaba，yoboko，Wopa（圭亚那），Yebaro（巴西），roode walaba，bijlhout，tamoene（苏里南），Uapa（委内瑞拉）等

【产地及分布】 分布于圭亚那、苏里南、巴西等南美洲东北部。

【木材材性】 心材褐色至红褐色，径面具深浅相间条纹；木材光泽强；无特殊气味和滋味；纹理通常直；结构细，均匀；木材重；干缩小至中；强度高。木材气干慢；很耐腐；抗蚁和抗干木害虫能力强，抗海生钻木动物性能中等；胶黏性能好。气干密度约 0.87g/cm³。

【木材用途】 木材适用于重型建筑、木瓦、家具、载重地板、海港码头用材（淡水）等。

弦（或径）面纹理

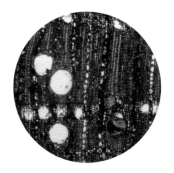

横切面微观图

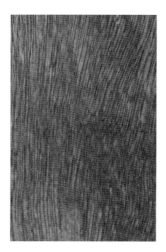

格木 *Erythrophleum fordii* Oliv.

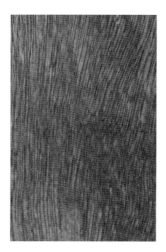

原木段

【中文名】 格木

【学名】 *Erythrophleum fordii* Oliv.

【科属】 苏木科 Caesalpinoideae
格木属 *Erythrophleum*

【木材名称】 格木

【地方名称／英文名称】 Lim，Lin，Lim xank（**越南**）

弦（或径）面纹理

【产地及分布】 主产于我国和越南。

【木材材性】 木材具光泽；无特殊气味和滋味；纹理交错；结构细，均匀。木材重至甚重；硬；干缩大；强度甚高。木材很耐腐，能抗虫蛀、白蚁及海生钻木动物危害。切削困难，径面不易光，因交错纹理易产生戗茬；油漆及胶黏性能良好，握钉力强；易使金属生锈。气干密度 $0.93 \sim 0.97 \text{g/cm}^3$。

【木材用途】 木材在建筑上可用于重型木结构、房屋建筑如搁栅、地板、柱子，交通上可用于桥梁、枕木、鱼轮（龙骨、龙筋、肋骨），还可制作高级家具等。

横切面微观图

象牙海岸格木 *Erythrophleum ivorense* A. Chev

原木段

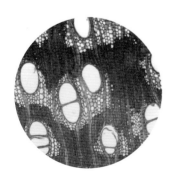

弦（或径）面纹理

【中文名】象牙海岸格木

【学名】　*Erythrophleum ivorense* A. Chev.

【科属】　苏木科 Caesalpinoideae

　　　　　格木属 *Erythrophleum*

【木材名称】　格木

【地方名称／英文名称】　Tali，Alu（科特迪瓦），Missanda（莫桑比克、英国），Gogbei（塞拉利昂），Mancone（几内亚比绍），Potrodum（加纳），Erun，Sasswood（尼日利亚），Elone（喀麦隆），Eloun（加蓬），Elondo（赤道几内亚），N'kasa（刚果），Kassa（扎伊尔）

【市场不规范名称】　非洲波罗格

【产地及分布】　分布于加纳、科特迪瓦、尼日利亚、扎伊尔、赞比亚、加蓬、喀麦隆、中非、肯尼亚、乌干达、莫桑比克、坦桑尼亚等。

【木材材性】　木材具光泽；纹理交错；结构中，均匀；木材重；强度高。木材很耐腐，抗蚁性能中等，能抗海生钻木动物危害。木材锯困难，工具易钝，锯屑可能刺激鼻子和喉咙，车旋性能良好；胶黏、砂光、抛光性能亦佳。气干密度 0.90g/cm³。

【木材用途】　木材可用于建筑承重结构、耐久性用材以及重载地板、车辆、渔船、工具柄等。

横切面微观图

阿诺古夷苏木 *Guibourtia arnoldiana* (De Wild. & Th. Dur.) J. Léonard

原木段

弦（或径）面纹理

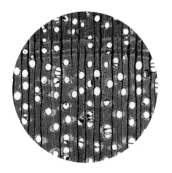

横切面微观图

54

【中文名】阿诺古夷苏木

【学名】*Guibourtia arnoldiana*（De Wild. & Th. Dur.）J. Léonard

【科属】苏木科 Caesalpinoideae
　　　　古夷苏木属 *Guibourtia*

【木材名称】阿诺古夷苏木

【地方名称／英文名称】Benge，Mbenge，Mutenye（扎伊尔），Bengi，Mutene，Tungi（刚果），Kouan，Benzi，libenge（喀麦隆）

【市场不规范名称】非洲黑胡桃

【产地及分布】中非地区。

【木材材性】木材具光泽，有油性感；无特殊气味和滋味；纹理直至略交错；结构细而匀。木材重量中；干缩甚大；木材硬；强度高。木材干燥速度中等。心材略耐腐，略抗白蚁。木材加工性能良好，旋和刨时注意交错纹理；胶黏、钉钉性能佳。木材经预热处理，可刨切单板；砂光性能好。气干密度 0.80g/cm³。

【木材用途】木材可用于房屋建筑的柱子、高级重载地板、造船、车辆、微薄木、胶合板、家具、乐器（吉他背板）、车工制品、细木工制品。

鞘籽古夷苏木 *Guibourtia coleosperma* (Benth.) J. Léonard

原木段

【中文名】鞘籽古夷苏木

【学名】*Guibourtia coleosperma* (Benth.) J. Léonard

【科属】苏木科 Caesalpinoideae
古夷苏木属 *Guibourtia*

【木材名称】鞘籽古夷苏木

【地方名称 / 英文名称】Mehibi，Mushibi（安哥拉），Copalier，Rhodesian copalwood，Muzauli（赞比亚），Muzaule（津巴布韦），African Rosewood，False Mopane（英国）

【市场不规范名称】小巴花

弦（或径）面纹理

【产地及分布】分布于安哥拉、赞比亚、津巴布韦、莫桑比克等非洲东部地区的干旱或稀疏林中。

【木材材性】木材具光泽；纹理斜至交错；结构细而匀；木材重；强度很高。木材耐腐性好；很少有白蚁危害。木材锯、刨等加工容易，刨面光滑，车旋与磨光性好；胶黏、油漆性能良好。板面易形成极为动人的卷纹，因富含缩聚类单宁，可引起铁接触变色。气干密度 0.80～0.96g/cm³。

【木材用途】木材适用于豪华家具、装饰单板、护墙板、铺地木块、车旋材、镶嵌、乐器、工具柄、生活器具、玩具等。

横切面微观图

爱里古夷苏木 *Guibourtia ehie*（A. Chev.）J. Léonard

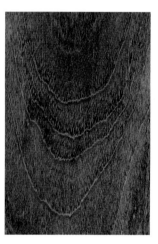

原木段

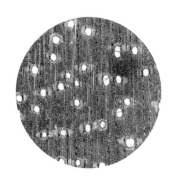

弦（或径）面纹理

【中文名】 爱里古夷苏木

【学名】 *Guibourtia ehie*（A. Chev.）J. Leonard

【科属】 苏木科 Caesalpinoideae

古夷苏木属 *Guibourtia*

【木材名称】 爱里古夷苏木

【地方名称/英文名称】 Amazakoue, Ovengkol, Ehie, Anokye, Bubinga, Hyedua, Hyeduanini（加纳），Ovangkol（加蓬），Amazoue, Whimawe, Amazakoue（科特迪瓦、利比里亚），Mozambique（美）等

【市场不规范名称】 黑檀、沉贵宝

【产地及分布】 分布于科特迪瓦、加纳、喀麦隆、尼日利亚、加蓬、赤道几内亚等地。

【木材材性】 木材具光泽；纹理斜至略交错；结构细而匀；木材重；干缩大至甚大；强度中至高。木材干燥快；耐腐性好；很少有白蚁危害。木材锯、刨等加工容易，刨面光滑；胶黏、油漆性能良好。气干密度 0.82g/cm³。

【木材用途】 木材适用于房屋建筑、耐久材、高级家具、地板、装饰单板、胶合板、车旋材、乐器及生活器具，因木材耐腐也可用在高级厨房、浴室及化工用木桶等。

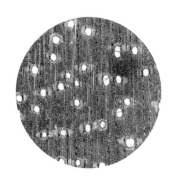

横切面微观图

特氏古夷苏木 *Guibourtia tessmannii*（Harms）J. Leonard

原木段

弦（或径）面纹理

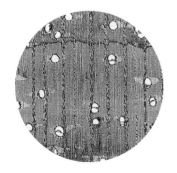

横切面微观图

【中文名】特氏古夷苏木

【学名】*Guibourtia tessmannii*（Harms）J. Leonard

【科属】苏木科 Caesalpinoideae
古夷苏木属 *Guibourtia*

【木材名称】古夷苏木

【地方名称/英文名称】Bubinga，Essingang（喀麦隆），Kevazingo（加蓬），Akume（美国），Oveng（赤道几内亚），Waka（扎伊尔），African Rosewood（英国）

【市场不规范名称】巴花、大巴花、巴西花梨、红贵宝

【产地及分布】分布于科特迪瓦、加纳、喀麦隆、尼日利亚、加蓬、赤道几内亚。

【木材材性】木材具光泽；纹理斜至略交错；结构细而匀；木材重；干缩大至甚大；强度中至高。木材干燥快；耐腐性好；很少有白蚁危害。木材锯、刨等加工容易，刨面光滑，车旋性好、易于磨光；胶黏、油漆性能良好。气干密度 0.82g/cm³。

【木材用途】木材适用于豪华家具、装饰单板、护墙板、铺地木块、车旋材、镶嵌、乐器、工具柄、生活器具、玩具等。由于有大径级原木，也用于制作大面工作台。

孪叶苏木 *Hymenaea courbaril* L.

原木段

【中文名】孪叶苏木

【学名】*Hymenaea courbaril* L.

【科属】苏木科 Caesalpinoideae
　　　　孪叶苏木属 *Hymenaea*

【木材名称】孪叶苏木

【地方名称 / 英文名称】Jatoba，Courbaril，Brazilian Cherry，West Indian locust（美国），Cuapinol，Guapinol（墨西哥），Moire，Not，Stinking toe，Locust，Kwanari（圭亚那）

【市场不规范名称】南美花梨

弦（或径）面纹理

【产地及分布】分布于墨西哥南部，经中美洲、西印度群岛到巴西北部，玻利维亚，秘鲁等地。

【木材材性】木材光泽强；纹理常交错；结构中，略均匀；木材重；干缩大；强度高。木材干燥速度中至快。木材很耐腐；抗白腐菌、褐腐菌及白蚁能力强。木材锯、刨等加工性能中等；车旋、胶黏、蒸煮后弯曲性能好，油漆吸收性强，漆面光滑，耐磨性佳，耐候性及钉钉性不佳。气干密度 0.83～0.98g/cm³。

【木材用途】木材适用于家具、橱柜、细木工、室内装修、地板建筑、车辆、造船、工具柄、乐器、雕刻、车旋制品、玩具等。

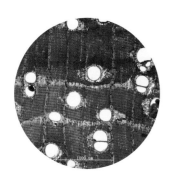

横切面微观图

帕利印茄 *Intsia palembanica* Miq.

原木段

【中文名】帕利印茄

【学名】*Intsia palembanica* Miq.

【科属】苏木科 Caesalpinoideae
印茄属 *Intsia*

【木材名称】印茄木

【地方名称 / 英文名称】Merbau（马来西亚、印度尼西亚），Mirabow，Merbau darat，Ipil，Djumelai（印度尼西亚），Kwila（巴布亚新几内亚）等

【市场不规范名称】波罗格

弦（或径）面纹理

【产地及分布】分布于菲律宾、泰国、缅甸南部、马来西亚、印度尼西亚、巴布亚新几内亚、斐济等。

【木材材性】心材褐色至暗红褐色；与边材区别明显，通常具深浅相间条纹。边材白色或浅黄色。木材具光泽；无特殊气味和滋味；纹理交错；结构中，均匀；木材重或中至重；硬；干缩小；强度高至甚高。木材干燥性能良好。木材耐腐，能抗白蚁危害。木材锯、刨加工困难，锯解时易黏树胶；车旋性能良好；钉钉时易劈裂，油漆和染色性能良好。气干密度约 0.80g/cm³。

【木材用途】木材多用于要求木材耐久、强度大和装饰方面，如桥梁、矿柱、枕木、造船、车辆、高级家具、细木工、拼花地板、精密仪器箱盒、室内装修、旋切或刨切装饰单板、乐器、雕刻、工农具柄等。

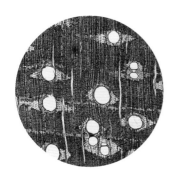

横切面微观图

大甘巴豆 *Koompassia excelsa*（Becc.）Taubert.

原木段

【中文名】大甘巴豆

【树种】*Koompassia excelsa*（Becc.）Taubert.

【科属】苏木科 Caesalpinoideae

甘巴豆属 *Koompassia*

【地方名称 / 英文名称】Manggis（菲律宾），Tualang（马来西亚、印度尼西亚），Mengaris（马来西亚沙巴和砂拉越），Tapang，Kayu raja（马来西亚砂拉越），Ginoo（菲律宾、巴布亚新几内亚），Yuan（泰国）等

弦（或径）面纹理

【产地及分布】分布于泰国、马来西亚西部、菲律宾西部巴拉望岛及加里曼丹等地。

【木材材性】心材暗红色，久则转呈巧克力褐色；与边材区别明显。边材灰白或黄褐色，常带粉红色条纹。木材具光泽；无特殊气味和滋味；纹理交错或波浪形；结构粗，略均匀。木材重；硬；干缩甚小；强度高。木材干燥稍慢。木材耐腐，但易受白蚁危害。木材锯不难，刨容易，刨面光滑；旋切性能尚好；用脲醛树脂胶黏性能良好；油漆和染色亦佳，遇铁时易呈黑色，应使用专门钉子以防腐蚀。气干密度约 0.80g/cm³。

【木材用途】木材可旋切单板、胶合板，可用于桩、柱、电杆、枕木、房屋建筑、车辆、造船、家具、农用机械、手杖等。

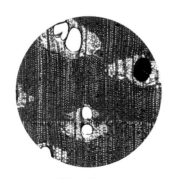

横切面微观图

马来甘巴豆 *Koompassia malaccensis* Maing.

原木段

【中文名】马来甘巴豆

【学名】*Koompassia malaccensis* Maing.

【科属】苏木科 Caesalpinoideae

甘巴豆属 *Koompassia*

【木材名称】甘巴豆

【地方名称 / 英文名称】Kempas，Empas，Impas（婆罗洲、印度尼西亚、马来西亚沙巴），Mengaris（印度尼西亚）等

【市场不规范名称】金不换、南洋红木

弦（或径）面纹理

【产地及分布】分布于马来西亚西、印度尼西亚、文莱等地。

【木材材性】木材具光泽；纹理交错；结构略粗，均匀；木材重至甚重；质硬；干缩小；强度高至甚高。木材刨切性能良好；旋切性能欠佳；砂光、打蜡、染色均好；钉钉性能尚好，但须先钻孔；木材微酸性，有腐蚀金属倾向；有脆心材发生。

【木材用途】木材可作码头、桥梁用材、矿柱、枕木、电杆、建筑重型结构等，还可以用于古典家具、地板、车辆、造船、工农具柄、车旋制品等。

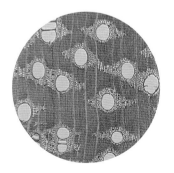

横切面微观图

小鞋木豆 *Microberlinia brazzavillensis* A. Chev.

原木段

【中文名】 小鞋木豆

【学名】 *Microberlinia brazzavillensis* A. Chev.

【科属】 苏木科 Caesalpinoideae

小鞋木豆属 *Microberlinia*

【木材名称】 小鞋木豆

【地方名称 / 英文名称】 Zingana（加蓬、喀麦隆），Allen Ele，Amouk（喀麦隆），Zebrano（英国、意大利、德国）

【市场不规范名称】 大斑马木、乌金木

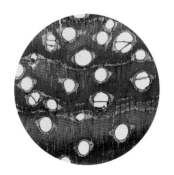

弦（或径）面纹理

【产地及分布】 分布于西非地区，主产加蓬及喀麦隆。

【木材材性】 木材光泽弱；无特殊气味和滋味；纹理斜至略交错；结构中，均匀；木材重；干缩甚大；强度高。木材干燥慢，略开裂，变形严重；木材耐腐性能中等；抗白蚁及小蠹虫性能中等；防腐剂浸注性能差。木材锯不难，刨有时因交错纹易撕裂；胶黏性能良好；通常钉钉不难。气干密度 0.79～0.88g/cm³。

【木材用途】 木材用于制作高级家具、刨切单板、护墙板、地板、车工，因韧性大适宜作滑雪板、工具柄等。

横切面微观图

赛鞋木豆 *Paraberlinia brazzavillensis* Pellegr.

原木段

弦（或径）面纹理

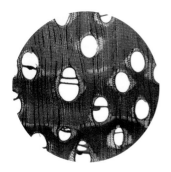

横切面微观图

【中文名】赛鞋木豆

【学名】*Paraberlinia bifoliolata* Pellegr.
（*Julbernardia pellegriniana* Troupin）

【科属】苏木科 Caesalpinoideae
赛鞋木豆属 *Paraberlinia*
（热非豆属 *Julbernardia*）

【木材名称】赛鞋木豆

【地方名称 / 英文名称】Ekop-Beli，Beli
（喀麦隆），Awoura（加蓬、喀麦隆），
Zebreli（法国、德国）

【市场不规范名称】小斑马木、乌金木

【产地及分布】分布于非洲赤道地区的赤道几内亚、喀麦隆、加蓬、刚果（金）和刚果（布）等地。

【木材材性】木材具光泽；无特殊气味和滋味；纹理略交错；结构细而匀；木材重；干缩甚大；强度高。木材干燥慢至中，几无翘曲和开裂；木材耐腐性能中等；抗白蚁性能中等；木材锯、刨等加工；油漆、胶黏性能良好；钉钉宜先打孔，握钉力佳；精加工好。气干密度 0.77g/cm³。

【木材用途】木材适用于房屋建筑如房架，室内装修如地板、护墙板，高级家具，装饰单板，胶合板，造船，农业机械，化工用木桶及雕刻等。

紫心苏木 *Peltogyme spp.*

原木段

【中文名】紫心苏木

【树种】*Peltogyne* spp.

【科属】苏木科 Caesalpinoideae
　　　　紫心苏木属 *Peltogyne*

【木材名称】紫心苏木

【地方名称 / 英文名称】Purpleheart，Amarante，Amaranth，Pau-roxo

【市场不规范名称】紫罗兰

弦（或径）面纹理

【产地及分布】分布于南美洲热带地区。

【木材材性】木材有光泽，纹理直至交错；结构细而均匀；木材重至甚重，强度高，耐腐至甚耐腐、抗蚁蛀、抗酸。气干密度 0.80～1.00g/cm³。

【木材用途】木材因材色美丽，可作家具、高级地板、体育器材、装饰单板、细木工制品、镶嵌、车旋制品、造船、重型木结构等。本类木材可以提取纺织品的染色剂。

横切面微观图

铁刀木 *Senna siamea*（Lam.）H. S. Irwin & Barneby

原木段

【中文名】铁刀木

【学名】*Senna siamea*（Lam.）H. S. Irwin & Barneby

【科属】苏木科 Caesalpinioieleae
决明属 *Senna*

【木材名称】鸡翅木

【地方名称 / 英文名称】Mezali（缅甸），Khi lekban（泰国），Muong，Muong den（越南），Johar（印度尼西亚）；挨刀树，黑心木

弦（或径）面纹理

【产地及分布】主产于南亚及东南亚，我国云南、福建、广东、广西。

【木材材性】心材栗褐或黑褐色，常带黑色条纹；香气无；结构细至中；纹理交错。木材强度、硬度大；加工性能好，鸡翅状花纹不如崖豆木明显。气干密度 $0.63 \sim 1.01 \text{g/cm}^3$。

【木材用途】木材宜作官帽椅、圈椅、床类、顶箱柜、沙发、餐桌、书桌等高级古典家具，以及人物或动物肖像工艺品等。

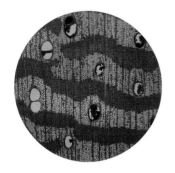

横切面微观图

原木段

【中文名】油楠

【学名】*Sindora* spp.

【科属】苏木科 Caesalpiniaceae

　　　油楠属 *Sindora*

【木材名称】油楠

【地方名称／英文名称】Sepetir（印度尼西亚、马来西亚），Supa（菲律宾），Sindur（印度尼西亚）

【产地及分布】主要分布于东南亚，中南半岛及印度尼西亚、马来西亚等地。

【木材材性】木材有时具深色条纹，纹理直至交错；结构略粗。气干密度 0.69～0.88g/cm³。

【木材用途】木材适用于家具，胶合板，室内装修，细木工制品，箱板，地板。

弦（或径）面纹理

横切面微观图

柯库木 *Kokoona* spp.

原木段

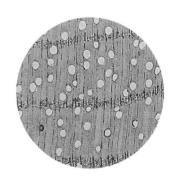

板面纹理

横切面微观图

【中文名】柯库木

【学名】*Kokoona* spp.
【科属】卫矛科 Celastraceae
　　　　柯库木属 *Kokoona*
【木材名称】柯库木
【地方名称/英文名称】Mata ulat（马来西亚），Bajan（马来西亚砂拉越），Perupok，Perupok kuning
【市场不规范名称】金柯木

【产地及分布】主要分布于东南亚，主要产于马来西亚。

【木材材性】木材具光泽，略有蜡质感；纹理略交错；结构细，不均匀。木材重至甚重，强度中，干缩小。木材锯、刨加工容易。木材干燥稍快，稍有端裂和面裂。耐腐性能中等，防腐处理困难。气干密度 0.89～1.06g/cm^3。

【木材用途】木材可用于建筑（如柱子、梁、搁栅）、枕木、桥梁、承重家具、铺地木块、门窗和窗框等。也可用于家具、胶合板、室内装修、细木工制品、箱板、地板。

海棠木 *Calophyllum inophyllum* L.

原木段

弦（或径）面纹理

横切面微观图

【中文名】海棠木

【学名】*Calophyllum inophyllum* L.

【科属】藤黄科 Clusiaceae（Guttiferae）
红厚壳属 *Calophyllum*

【木材名称】海棠木

【地方名称／英文名称】Bintangor（印度尼西亚、马来西亚），Bintangor laut（马来西亚），Bintanghol，Bitaog（菲律宾），Pongnget（缅甸），Poon（缅甸、印度尼西亚）等，Calophyllum，Penaga

【市场不规范名称】冰糖果、红厚壳

【产地及分布】分布很广，中国、印度、缅甸、越南、菲律宾、马来西亚、印度尼西亚、澳大利亚、斐济、巴布亚、新几内亚等热带地区均产。

【木材材性】木材具光泽；纹理交错；结构中，略均匀；重量中等；质硬；干缩大；强度中等。木材干燥略快；稍耐腐，易受白蚁和海生钻木动物危害。木材锯、刨容易，有起毛现象；油漆和胶黏性能优良。气干密度 0.60～0.74g/cm³。

【木材用途】木材是制作单板和胶合板的优良材料，适用于家具、房架、柱子、梁、搁栅、椽子、地板及其他室内装修；还可供造船，尤其适宜做弯曲部件和肋骨用材。

铁力木 *Mesua ferrea* L.

原木段

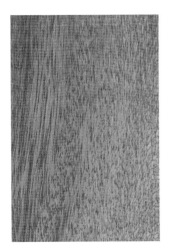

弦（或径）面纹理

横切面微观图

【中文名】铁力木

【学名】*Mesua ferrea* L.

【科属】藤黄科 Clusiaceae（Guttiferae）
铁力木属 *Mesua*

【木材名称】铁力木

【地方名称/英文名称】Penaga（印度尼西亚、马来西亚），Bosneak（柬埔寨），Boonnark，Bunnark（泰国），Lenggapus（马来半岛），Mergasing（马来西亚砂拉越），Mesua（印度）等

【产地及分布】分布印度、越南、柬埔寨、老挝、泰国、中国、马来西亚及印度尼西亚等。

【木材材性】木材具光泽，纹理交错；结构细而匀。木材重至甚重，甚硬；干缩中；强度甚高。木材干燥慢；天然耐腐性中等，有白蚁危害倾向。木材锯、刨等加工困难，但车旋性能良好；油漆后光亮，胶黏亦易。气干密度 $0.95 \sim 1.19 \text{g/cm}^3$。

【木材用途】木材可用于建筑、造船、交通，还可做家具、细木工制品、工具柄等。

风车子 *Combretum imberbe* Wawra

【中文名】风车子

【学名】*Combretum imberbe* Wawra

【科属】使君子科 Combretaceae
　　　　风车子属 *Combretum*

【木材名称】风车木

【地方名称/英文名称】Monzo，Mgurure，Mkongolo，Leadwood

【市场不规范名称】皮灰、黑紫檀

原木段

使君子科 Combretaceae

70

【产地及分布】分布于非洲东南部的干旱稀疏林地区，自南非北部至坦桑尼亚、莫桑比克、赞比亚等地。

【木材材性】木材具光泽；纹理通常交错；结构细至中，均匀。木材甚硬重；强度很高；天然耐久性好、能抗虫蛀和白蚁危害。木材锯、刨加工困难，车旋性和胶黏性好，精加工表面光滑、抛光性好。气干密度 1.22g/cm^3。

【木材用途】木材适用于建筑承重结构、高级家具、雕刻、工艺品、乐器、工具柄、车旋制品及其他细木工木制品；还可用作码头桩木、车辆、造船、枕木等。

弦（或径）面纹理

横切面微观图

亚马孙榄仁 *Terminalia amazonia*（Gmel.）Exell

原木段

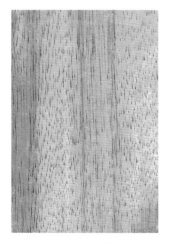

弦（或径）面纹理

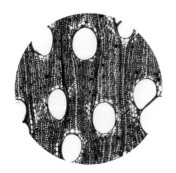

横切面微观图

【中文名】亚马孙榄仁

【树种】*Terminalia amazonia*（Gmel.）Exell
【科属】使君子科 Combretaceae
　　　　榄仁树属 *Terminalia*
【木材名称】黄褐榄仁
【地方名称 / 英文名称】Nargusta，Amarillo（洪都拉斯），Guayabo leon，（哥伦比亚），Pardillo negro（委内瑞拉），Paumulato brancho，Tanimbuca（巴西），Guacharaco，Nogal amarillo（秘鲁）

【产地及分布】广泛分布于墨西哥、巴西、秘鲁和圭亚那等中南美洲热带地区。

【木材材性】木材重量中至重，纹理直或交错，结构略粗，强度高，干缩大。木材天然耐腐性好；机械加工略困难；染色抛光性好。气干密度 0.79g/cm³。

【木材用途】木材适用于建筑、枕木、矿柱、电杆、地板、室内装修、家具、单板、胶合板，细木工、车旋制品、矿用材、车辆材等。

榄仁 *Terminalia catappa* L.

原木段

【中文名】榄仁

【学名】*Terminalia catappa* L.

【科属】使君子科 Combretaceae
榄仁树属 *Terminalia*

【木材名称】红褐榄仁

【地方名称/英文名称】Ketapang（印度尼西亚、马来西亚砂拉越、文莱），Indian almond（印度），Talisai（菲律宾、马来西亚沙巴），Red-brown terminalia（巴布亚新几内亚）

【产地及分布】主产于菲律宾，马来西亚，印度尼西亚，大洋洲岛屿及印度等地。

【木材材性】木材具光泽；纹理交错；结构细、略均匀。木材重量中等；强度中。木材不耐腐，易遭白蚁和海生蛀虫危害。木材锯、刨等加工容易，因纹理交错，刨可能产生戗茬而不太平；钻孔、砂光、上漆、胶黏性能良好；钉钉性能良好。气干密度 0.62g/cm³。

【木材用途】木材适用于房屋建筑、室内装修、家具、包装箱盒、单板、胶合板、车辆、造船用船板等。

弦（或径）面纹理

横切面微观图

科特迪瓦榄仁 *Terminalia ivorensis* A. Chev.

原木段

【中文名】 科特迪瓦榄仁

【学名】 *Terminalia ivorensis* A. Chev.

【科属】 使君子科 Combretaceae

榄仁树属 *Terminalia*

【木材名称】 红褐榄仁

【地方名称 / 英文名称】 Framire，Bona（科特迪瓦），Black afara，Idigbo（尼日利亚）

弦（或径）面纹理

【产地及分布】 广泛分布于西非地区的赤道几内亚、赛拉利昂、利比里亚、科特迪瓦、加纳、尼日利亚、喀唛隆等国。

【木材材性】 木材具光泽，纹理交错；结构中，均匀。木材重量中等，强度中，干缩中。木材锯、刨加工容易，刨面光滑胶黏、钉钉性能良好、车旋性能良好。因含单宁，湿材现铁接触可致变色。气干密度 0.58g/cm³。

【木材用途】 木材可用于建筑檩条、椽子、门窗等建筑木制品，以及家具、室内装修、细木工制品、单板、胶合板、车工制品、包装箱等。

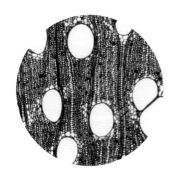

横切面微观图

毛榄仁 *Terminalia tomentosa* Wight & Arm.

原木段

【中文名】毛榄仁

【学名】*Terminalia tomentosa* Wight & Arm.

【科属】使君子科 Combretaceae

榄仁树属 *Terminalia*

【木材名称】栗褐榄仁

【地方名称/英文名称】Rokfa（泰国），Laurel（缅甸、印度），Cam lien（越南）；Chhlik（柬埔寨）

【市场不规范名称】柬埔寨黑酸枝、黑檀木

弦（或径）面纹理

【产地及分布】分布于泰国、缅甸、越南、柬埔寨和印度等地。

【木材材性】木材具光泽；纹理通常斜或交错；结构中等，略均匀。木材重、干缩大；木材硬；强度高。木材气干困难，常发生开裂；很耐腐。木材锯、刨、车旋略难，刨面光滑。气干密度 0.74~0.96g/cm³。

【木材用途】木材适用于建筑承重结构如梁、柱、搁栅，建筑木制品如椽子、门、窗框；高级家具，细木工；车辆，造船，枕木，工具柄等。

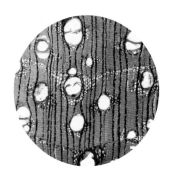

横切面微观图

哈氏短被菊 *Brachylaena huillensis* O. Hoffm.

原木段

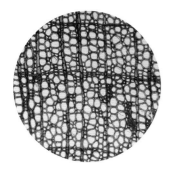

弦（或径）面纹理

【中文名】哈氏短被菊

【学名】 *Brachylaena huillensis* O. Hoffm.
（*Brachylaena hutchinsii* R. Br.）

【科属】菊科 Compositae
短被菊属 *Brachylaena*

【木材名称】短被菊木

【地方名称 / 英文名称】Muhugwe（德国），Kipugupugo（肯尼亚），Karkarro（埃塞俄比亚），Muhugu，Mubuubu，Olmagogo，Mvumvo，Mshenzi（东非地区）

【市场不规范名称】绿檀

【产地及分布】分布于非洲东部坦桑尼亚、肯尼亚、乌干达等地。

【木材材性】木材具光泽；有香气；木材纹理交错；结构甚细而均匀。木材重、强度高。木材锯、刨加工困难，车旋性好，砂光性好。很耐腐，可抗白蚁和海生钻孔动物危害。气干密度 0.93g/cm³。

【木材用途】木材适用于雕刻制品、车旋制品，乐器、细木工制品、工艺品、工具柄等。木片可用于提取芳香精油。

八果木 *Octomeles sumatrana*

原木段

【中文名】八果木

【学名】*Octomeles sumatrana*

【科属】四数木科 Datiscaceae

八果木属 *Octomeles*

【木材名称】八果木

【地方名称 / 英文名称】Binuang（菲律宾、印度尼西亚、马来西亚砂拉越和沙巴），Erima（巴布亚新几内亚），Winuang（印度尼西亚），Bilus（菲律宾）

弦（或径）面纹理

【产地及分布】仅 1 属 1 种，分布于南亚到巴布亚新几内亚，从东南亚进口，是东南亚知名木材之一。

【木材材性】一般为筒形。木材上残留部分褐色纤维质内皮；生材具独特的气味。木材浅黄白色至浅黄褐色，边材比心材略浅，久置边材边灰色，木材全部带浅绿色，局部带灰红色至灰紫色。木材纹理交错；结构粗；重量轻；木材软。气干密度 0.22～0.46g/cm³。

【木材用途】木材适用于制作胶合板芯板、抽屉侧板、独木舟以及需要软、轻特性的物品。

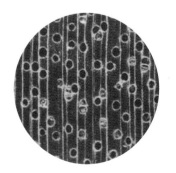

横切面微观图

五桠果 *Dillenia* spp.

原木段

【中文名】五桠果

【树种】*Dillenia* spp.

【科属】五桠果科 Dilleniaceae

五桠果属 *Dillenia*

【木材名称】五桠果

【地方名称／英文名称】Katmon（菲律宾），Simpoh（印度尼西亚），Majongga（巴布亚新几内亚），Zinbyum，Mai-masan（缅甸），San，Masan（泰国），Elephant apple（英国）

【市场不规范名称】第伦桃

弦（或径）面纹理

【产地及分布】广泛分布于南亚至东南亚地区的印度、缅甸、泰国、越南、柬埔寨、马来西亚、印度尼西亚和菲律宾等地。

【木材材性】木材具光泽；纹理常直，有时皱曲；结构略粗至中等，均匀。木材略重。木材加工不难，刨面光滑。径面上，射线斑纹呈银光丝带状美丽纹理，油漆后光亮性好，容易胶黏。气干密度 $0.66 \sim 0.76 \text{g/cm}^3$。

【木材用途】木材适宜制作家具、橱柜、建筑室内装修，可用作木建筑柱、梁、门窗、楼梯踏板、地板、胶合板等用材。

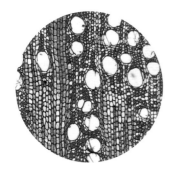

横切面微观图

异翅香 *Anisoptera* spp.

原木段

【中文名】异翅香

【学名】 *Anisoptera* spp.
【科属】 龙脑香科 Dipterocarpaceae
　　　　异翅香属 *Anisoptera*
【木材名称】 异翅香
【地方名称 / 英文名称】 Mersawa（马来西亚马来亚和砂拉越、印度尼西亚），Palosapis（菲律宾），Phdiek（柬埔寨），Pengiran（马来西亚沙巴），Ven-ven（越南），Anisoptera（巴布亚新几内亚）
【市场不规范名称】 山桂花

弦（或径）面纹理

【产地及分布】 分布于东南亚、印度、孟加拉国至巴布亚新几内亚等地。主产于印度尼西亚、巴布亚新几内亚、马来西亚及其沙巴和砂拉越等地。

【木材材性】 木材纹理通常交错；结构略粗、均匀；中等硬重、略耐腐。木材加工不难，车旋加工性好，表面光滑，油漆和胶黏性好，但木材含硅石，易钝化恨具刃口，气干密度 $0.53 \sim 0.84 \mathrm{g/cm}^3$。

【木材用途】 木材适用于建筑室内装修、建筑木制品（如门窗、地板、吊顶板）、细木工制品、旋制单板作装饰单板和胶合板制造等。

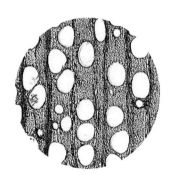

横切面微观图

原木段

【中文名】龙脑香

【树种】*Dipterocarpus* spp.

【科属】龙脑香科 Dipterocarpaceae

龙脑香属 *Dipterocarpus*

【木材名称】龙脑香

【地方名称 / 英文名称】Keruing（马来西亚），Apitong（菲律宾），Gurjun（印度），In，Kanyin（缅甸），Yang（泰国）

弦（或径）面纹理

【产地及分布】广泛分布于印度、斯里兰卡到中南半岛、菲律宾、印度尼西亚等南亚至东南亚热带地区。

【木材材性】木材纹理交错；结构略粗；木材无光泽；干缩较大；干材尺寸稳定性中。木材略重至重，硬度中至略硬，强度中至大。木材加工不难，着色容易、胶黏性不良。木材耐腐性一般，多不耐腐；抗蚁性较差；具抗酸性。气干密度 $0.58\sim0.88\text{g/cm}^3$。

【木材用途】木材适用于房建梁、柱及门窗、地板等建筑木制品，家具、车辆用材、胶合板制造等。

横切面微观图

冰片香 *Dryobalanops* spp.

原木段

【中文名】冰片香

【树种】*Dryobalanops* spp.

【科属】龙脑香科 Dipterocarpaceae

冰片香属 *Dryobalanops*

【木材名称】冰片香

【地方名称／英文名称】Kapur（马来西亚、印度尼西亚），Kalimantan camphor wood，Borneo teak（英国）

【市场不规范名称】山樟

弦（或径）面纹理

【产地及分布】主要分布于马来西亚和印度尼西亚的苏门答腊和加里曼丹岛。

【木材材性】木材纹理直或交错，结构略细、均匀。木材硬重、强度大；干缩较大；较耐腐、抗菌性强。木材锯、刨加工容易，木材切面光滑、磨砂光性好，但因富含硅石，易钝化刀具。气干密度 $0.56 \sim 0.84 \text{g/cm}^3$。

【木材用途】木材适用于建筑梁、柱、搁栅、椽子及门窗框架、地板等建筑结构与木制品，还用于家具、车辆用材、胶合板制造等。

横切面微观图

原木段

【中文名】重坡垒

【树种】*Hopea* spp.

【科属】龙脑香科 Dipterocarpaceae
坡垒属 *Hopea*

【木材名称】重坡垒

【地方名称 / 英文名称】Giam（马来西亚马来亚），Chengal batu（马来半岛），Selangan（马来西亚沙巴和砂拉越）

【市场不规范名称】铁柚木

弦（或径）面纹理

【产地及分布】分布于缅甸、泰国、老挝、越南、柬埔寨、马来西亚和印度尼西亚。主产于马来西亚和印度尼西亚。

【木材材性】木材纹理交错，结构中至细、均匀；甚硬重、强度大；锯、刨加工困难；车旋也难。木材切面光滑、磨砂光性好。木材很耐腐、天然耐久性强。气干密度 $0.83 \sim 1.15 \text{g/cm}^3$。

【木材用途】木材适宜做造船材、桥梁、码头、重型地板，建筑梁、柱、搁栅等承重结构用材和户外耐久性用材。

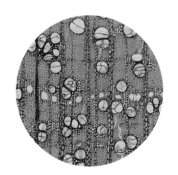

横切面微观图

原木段

【中文名】平滑婆罗双

【学名】*Shorea laevis*

【科属】龙脑香科 Dipterocarpaceae
      娑罗双属 *Shorea*

【木材名称】重黄娑罗双

【地方名称 / 英文名称】Balau，Balau kumus（马来西亚），Selangan batu kumus（马来西亚沙巴），Balau merah（马来西亚、印度尼西亚），Bangkirai（印度尼西亚）等

【市场不规范名称】玉檀

弦（或径）面纹理

【产地及分布】分布于缅甸、泰国、马来西亚和印度尼西亚。

【木材材性】木材纹理交错，结构细、均匀。木材甚硬重、强度甚高；锯、刨加工困难，钉钉时易劈裂，最好预先打孔。木材切面光滑、磨砂光性好。木材极耐腐，但边材容易遭粉蠹虫危害。其加工工具刃部较易钝。气干密度 $0.85 \sim 1.15 g/cm^3$。

【木材用途】木材适宜做造船材、桥梁、码头、重型地板、建筑的梁、柱、搁栅等承重结构用材和户外耐久性用材。

横切面微观图

黄娑罗双 *Shorea* spp.

原木段

弦（或径）面纹理

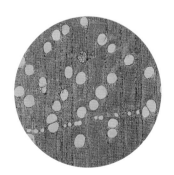

横切面微观图

【中文名】黄娑罗双

【学名】*Shorea* spp.（*Shorea* sec. *Richetioides*）

【科属】龙脑香科 Dipterocarpaceae
娑罗双属 *Shorea*

【木材名称】黄娑罗双

【地方名称／英文名称】Yellow meranti（马来西亚），Yellow seraya，Selangankuning，Selangankacha（马来西亚沙巴），Yellow lauan（菲律宾），Merantikuning

【市场不规范名称】黄柳安

【产地及分布】分布于泰国、马来西亚、印度尼西亚（苏门答腊、加里曼丹）及菲律宾。

【木材材性】木材纹理交错，结构略粗、均匀。木材重量中至略重；锯、刨加工容易，干缩小，胶黏和钉钉性好。气干密度 0.40～0.82g/cm³。

【木材用途】木材适宜做一般建筑木制品，如框架、门窗、地板等；以及家具、室内装饰用材、单板、胶合板等。

原木段

【中文名】红娑罗双

【学名】*Shorea* spp.（*Shorea* sec. *Rubroshorea*）

【科属】龙脑香科 Dipterocarpaceae

娑罗双属 *Shorea*

【木材名称】深红娑罗双

【地方名称 / 英文名称】Dark red meranti，Red meranti，Red seraya，（印度尼西亚、马来西亚马来亚和砂拉越），Red lauan（菲律宾），Redseraya（马来西亚沙巴），Philippine mahogany

【市场不规范名称】红柳安

弦（或径）面纹理

【产地及分布】分布于泰国、马来西亚、印度尼西亚（苏门答腊、加里曼丹）及菲律宾。

【木材材性】木材纹理交错，结构略粗、均匀。木材重量中至略重；锯、刨加工容易，干缩小，胶黏和钉钉性好。气干密度 0.40~0.82g/cm³。

【木材用途】木材适宜旋制单板，胶合板建筑木制品构件，如框架、门窗、地板等；以及家具、室内装饰用材。

横切面微观图

白娑罗双 *Shorea* spp.

原木段

【中文名】白娑罗双

【学名】 *Shorea* spp. （*Shorea* subg. *Anthoshorea*）

【科属】龙脑香科 Dipterocarpaceae

娑罗双属 *Shorea*

【木材名称】白娑罗双

【地方名称／英文名称】White meranti，Meranti putih，Kayu tahan（印度尼西亚，马来西亚马来亚和砂拉越），White lauan（菲律宾），Khiem kha norng，Takhian-sai，Chai，Pa-nong（泰国）

【市场不规范名称】白柳安

弦（或径）面纹理

【产地及分布】分布于泰国、马来西亚、印度尼西亚、菲律宾及泰国、越南、老挝、柬埔寨、缅甸等地。

【木材材性】木材纹理交错，结构略粗、均匀。木材重量中至略重；锯、刨加工容易，干缩小，胶黏和钉钉性好。木材不耐腐。气干密度 0.45～0.85g/cm³。

【木材用途】木材适宜旋制单板，胶合板建筑木制品构件，如框架、门窗、地板等；以及家具、室内装饰用材。

横切面微观图

原木段

【中文名】苏拉威西乌木

【学名】*Diospyros celebica* Bakh.

【科属】柿树科 Ebenaceae

柿属 *Diospyros*

【木材名称】条纹乌木

【地方名称 / 英文名称】Macassar ebony，Striped ebony，Amara ebony

弦（或径）面纹理

【产地及分布】主产于印度尼西亚。

【木材材性】心材黑或栗褐色，带黑色及栗褐色条纹；与边材区别明显，边材红褐色；生长轮不明显。木材具光泽；香气无；结构细；纹理通常直至略交错。木材甚重；干缩甚大；强度高；干燥慢；耐腐；加工消耗动力大；车旋、刨切、胶黏性能良好。气干密度 1.09g/cm³。

【木材用途】木材适用于高级家具、乐器用材、装饰单板、车工制品、雕刻、装饰艺术等。

横切面微观图

厚瓣乌木 *Diospyros crassiflora* Hiern

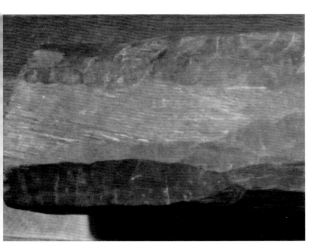

原木段

【中文名】厚瓣乌木

【学名】*Diospyros crassiflora* Hiern
【科属】柿树科 Ebenaceae
柿属 *Diospyros*
【木材名称】乌木
【地方名称／英文名称】African ebony，West African ebony，Gabon ebony，Benin ebony

弦（或径）面纹理

【产地及分布】产于非洲西部至中部的加蓬、喀麦隆、中非、刚果、尼日利亚等国。

【木材材性】心材全部乌黑，与边材区别明显；边材浅红褐色；生长轮不明显。木材具光泽；香气无；结构甚细；纹理通常直至略交错。木材甚重；干缩甚大；强度高；很耐腐；抗蚁性好；加工易钝刀具；弯曲容易；胶黏性好；磨光亦佳；钉钉宜事先打孔。气干密度 1.05g/cm³。

【木材用途】木材适用于人物或动物肖像工艺品、雕刻、镶嵌工艺、车工制品、刀柄、乐器部件如钢琴键、吉他和提琴的指板、尾板和所有管弦乐队用的调音栓、棋子等。

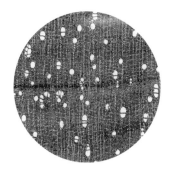

横切面微观图

乌木 *Diospyros ebenum* J.Koenig ex Retz.

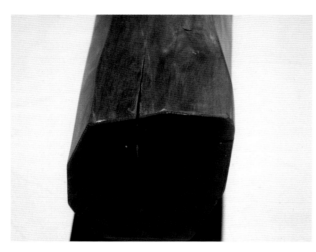

原木段

【中文名】乌木

【学名】 *Diospyros ebenum* J.Koenig ex Retz.

【科属】 柿树科 Ebenaceae

柿属 *Diospyros*

【木材名称】 乌木

【地方名称/英文名称】 黑木，乌材；
Ceylon ebony，East Indiau ebony

弦（或径）面纹理

【产地及分布】主产于斯里兰卡、印度南部及缅甸。

【木材材性】心材全部乌黑，浅色条纹稀见；边材灰白色。木材光泽强；香气无；结构甚细；纹理通常直至略交错。木材重至甚重；干燥困难；心材很耐腐；加工性能好，切面具黑色光泽和油性感。气干密度 $0.85 \sim 1.17 \text{g/cm}^3$。

【木材用途】木材宜作官帽椅、圈椅、床类、顶箱柜、沙发、餐桌、书桌等高级仿古典工艺家具，人物或动物肖像工艺品、雕刻、镶嵌工艺、车工制品、刀柄、乐器等。

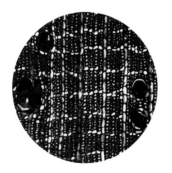

横切面微观图

柿树科 Ebenaceae

88

菲律宾乌木 *Diospyros philippinensis* A.DC.

原木段

【中文名】菲律宾乌木

【学名】*Diospyros philippinensis* A.DC.

【科属】柿树科 Ebenaceae

柿属 *Diospyros*

【木材名称】条纹乌木

【地方名称 / 英文名称】Kamagong ebony

弦（或径）面纹理

【产地及分布】主产于菲律宾，斯里兰卡，中国台湾。

【木材材性】心材黑、乌黑或栗褐色，带黑色及栗褐色条纹；香气无；结构甚细；纹理通常直至略交错。气干密度 0.78～1.09g/cm³。

【木材用途】暂缺。

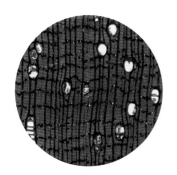

横切面微观图

毛药乌木 *Diospyros pilosanthera* Blanco

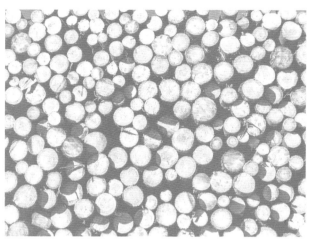

原木段（暂缺）

【中文名】毛药乌木

【学名】*Diospyros pilosanthera* Blanco

【科属】柿树科 Ebenaceae

柿属 *Diospyros*

【木材名称】条纹乌木

【地方名称/英文名称】Bolong-eta

弦（或径）面纹理

【产地及分布】主产于菲律宾。

【木材材性】心材全部乌黑；多数含深色树胶；香气无；结构细；具深浅相交条纹，纹理通常直至略交错。气干密度 $0.90\sim0.97g/cm^3$。

【木材用途】木材可用于高级家具、乐器用材、装饰单板、车工制品、雕刻、装饰艺术等。

横切面微观图

橡胶木 *Hevea brasiliensis*（Willd. ex A. Juss.）Müll.Arg.

原木段

弦（或径）面纹理

【中文名】橡胶木

【学名】*Hevea brasiliensis*（Willd. ex A. Juss.）Müll.Arg.

【科属】大戟科 Euphorbiaceae
　　　橡胶树属 *Hevea*

【木材名称】橡胶木

【地方名称 / 英文名称】Rubberwood，Para rubber

【产地及分布】原分布于热带美洲，现东南亚地区普遍栽培，我国云南、广东、广西和海南均有栽培。

【木材材性】木材具光泽，纹理直或略斜，结构细、均匀。木材重量中等，强度中至低，干缩小。木材不耐腐、易遭菌害变色；胶黏和钉钉性好。气干密度 0.56g/cm³。

【木材用途】木材适用于制造家具、室内装修、地板、墙壁板、楼梯部件，还可用于雕刻、车工制品等。

横切面微观图

非洲螺穗木 *Spirostachys africana* Sond

原木段

【中文名】非洲螺穗木

【学名】 *Spirostachys africana* Sond

【科属】 大戟科 Euphorbiaceae

螺（状）穗（花）木属 *Spirostachys*

【木材名称】 螺穗木

【地方名称/英文名称】 Tomboti，Tambootie，Tambuti，Tambotie，Msalaka（坦桑尼亚），African Sandalo，Sandalwood，Saridaloafricano

【市场不规范名称】非洲檀香

弦（或径）面纹理

【产地及分布】 产于非洲，分布于东非、非洲西南部及南非、安哥拉、坦桑尼亚等地。

【木材材性】 木材光泽强，纹理直或卷曲；结构甚细、均匀；材质硬重，强度高。木材机加工性能良好，刨切面光滑并呈现出自然的蜡质感；车旋性、磨光性、胶黏性好；木材香气浓郁、持久，但燃烧引起的烟有毒性。木材天然耐久性强、抗虫蛀。木材材色美丽，具有黑褐色条纹、且常具卷曲纹，因而装饰性强。气干密度 0.96g/cm³。

【木材用途】 木材作为高档家具、刨切薄木作贴面材料、室内装饰，工具柄、精细木工制品；在雕刻、车工、工艺品方面常作为檀香木的替代用材。

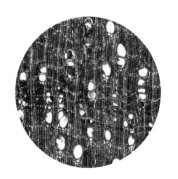

横切面微观图

油桐 *Vernicia fordii*（Hemsl.）Airy Shaw

原木段

【中文名】油桐

【学名】*Vernicia fordii*（Hemsl.）Airy Shaw
（*Aleurites fordii* Hemsl.）

【科属】大戟科 Euphorbiaceae
油桐属 *Vernicia*

【木材名称】油桐

【地方名称／英文名称】Tung-Oil Tree

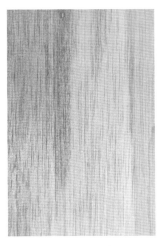

弦（或径）面纹理

【产地及分布】分布于我国长江流域以南至越南。

【木材材性】木材纹理直，结构中等或略粗。木材重量轻中、质地软，干缩小，强度低；容易干燥，不翘不裂；容易呈蓝变色或红变色，不耐腐，抗蚁性弱；切削容易；油漆后光亮性不佳；胶黏容易；握钉力弱，不劈裂。气干密度 0.42～0.52g/cm³。

【木材用途】木材用作火柴、木屐、纤维原料、绝缘材料、床板、室内装修（地板除外）、包装箱及一般家具等。

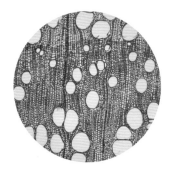

横切面微观图

甘蓝豆 *Andira* spp.

原木段

【中文名】甘蓝豆

【学名】*Andira* spp.

【科属】蝶形花科 Fabaceae

甘蓝豆属 *Andira*

【木材名称】甘蓝豆

【地方名称 / 英文名称】Moca（古巴、波多黎各），Culimbuco, Maquilla（墨西哥），Barbosquillo, Arenillo（巴拿马），Koraro（圭亚那）等

弦（或径）面纹理

【产地及分布】分布广，从墨西哥经中美洲一直到南美洲的巴西均有分布。

【木材材性】木材光泽弱；纹理直至略交错；结构中等至细，略均匀。木材重量中；干缩甚大；强度中至高。木材干燥速度中等；耐腐性强；抗白蚁和海生钻木动物危害性能中等；锯、刨等加工性能中等；车旋、胶黏、握钉力等性能好。气干密度约 $0.58 \sim 0.87 \mathrm{g/cm}^3$。

【木材用途】木材适用于建筑、矿柱、车辆、造船、枕木、电杆、家具、装饰单板、胶合板、地板、雕刻等。

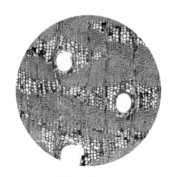

横切面微观图

葱叶鲍古豆 *Bobgunnia fistuloides*（Harms）J. H. Kirkbr. & Wier.

原木段

弦（或径）面纹理

横切面微观图

【中文名】葱叶鲍古豆

【学名】*Bobgunnia fistuloides*（Harms）J.
H. Kirkbr. & Wier.（葱叶铁木豆
Swartzia fistuloides）

【科属】蝶形花科 Fabaceae
鲍古豆属 *Bobgunnia*

【木材名称】红铁木豆（鲍古豆）

【地方名称/英文名称】Asomanini（加纳），
Akite（尼日利亚），Boto（科特迪瓦），Oken，
Ndina，Awong（加蓬），Dina，Pau rosa

【市场不规范名称】红檀、大红檀、大叶
红檀

【产地及分布】分布于非洲西部科特迪瓦、加纳至尼日利
亚和喀麦隆等几内亚湾沿岸国家，并向南延伸到安哥拉，
在刚果（布）、刚果（金）、赤道几内亚、加蓬和中非也有
分布。

【木材材性】木材具光泽；无特殊气味和滋味；纹理交错；
结构细，略均匀。木材甚重；干缩中等；很硬；强度高。木
材干燥宜慢，很耐腐。能抗白蚁和其他菌虫危害。木材锯、
刨加工较困难，机械加工性能良好；因纹理交错，刨易产生
戗茬；胶黏性能良好；钉钉困难。气干密度 $0.89 \sim 1.04 g/cm^3$。

【木材用途】木材适宜需要强度大和耐久的地方，如造船、
重型房屋建筑、枕木、电杆、码头修建、经久耐用的高级
家具，还可用于车工制品、雕刻、乐器、工具柄等。

马达加斯加鲍古豆 *Bobgunnia madagascariensis*（Desv.）J. H. Kirkbr. & Wier.

原木段

弦（或径）面纹理

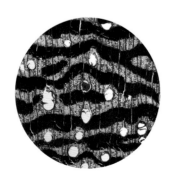

横切面微观图

【中文名】马达加斯加鲍古豆

【学名】*Bobgunnia madagascariensis*（Desv.）J. H. Kirkbr. & Wier.（马达加斯加铁木豆 *Swartzia madagascariensis*）

【科属】蝶形花科 Fabaceae
　　　　鲍古豆属 *Bobgunnia*

【木材名称】鲍古豆

【地方名称 / 英文名称】Pau rosa，Pau ferro（莫桑比克），Awong（加蓬），Kasanda（非洲）

【市场不规范名称】红檀、小叶红檀

【产地及分布】分布于热带非洲的半干旱地区，从塞内加尔、冈比亚向东直至中非共和国，赤道雨林地带以南从刚果民主共和国至坦桑尼亚，向南直到纳米比亚、博茨瓦纳北部至莫桑比克。

【木材材性】木材具光泽；具不规则黑色条纹。木材纹理常交错；结构细。木材甚重硬；干缩中等；强度高；干燥慢；很耐腐，抗白蚁；刨切、车旋、耐磨性好。气干密度 $0.89 \sim 1.0 \text{g/cm}^3$。

【木材用途】木材适用于家具、地板、橱柜、乐器、工艺品、镶嵌细木工、运动器材、重型结构、玩具、雕刻、耐久材等以及需要强度大和耐久的地方，如造船、重型房屋建筑、枕木、电杆、码头修建等。

巴里黄檀 *Dalbergia bariensis* Pierre

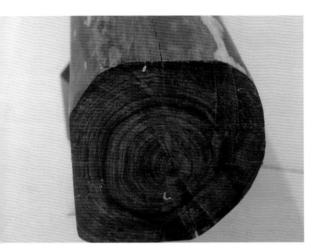

原木段

【中文名】巴里黄檀

【学名】*Dalbergia bariensis* Pierre

【科属】蝶形花科 Fabaceae
黄檀属 *Dalbergia*

【木材名称】红酸枝木

【地方名称 / 英文名称】Thai rosewood，
Vietnam palissander，Cambodian rosewood，
Asian rosewood，Burmese rosewood

【市场不规范名称】花枝、花酸枝、紫酸枝

弦（或径）面纹理

【产地及分布】主产于中南半岛的越南、老挝、柬埔寨、泰国、缅甸等国家。

【木材材性】心材新切面红褐色至紫红褐色或栗红褐，常带黑褐或栗褐色细条纹；具酸香气或微弱；结构细；纹理交错。木材弦面常可见因带状轴向薄壁组织形成的类似于鸡翅木的美丽花纹。木材结构细；纹理直或交错；甚重；强度高；天然耐腐性强。木材车旋、抛光及打磨性能良好。气干密度 0.94～1.15g/cm³。

【木材用途】木材适用于高级家具、细木工、装饰单板、乐器部件、刀柄、雕刻、工艺品等。

横切面微观图

原木段

【中文名】赛州黄檀

【学名】*Dalbergia cearensis* Ducke.

【科属】蝶形花科 Fabaceae

　　　　黄檀属 *Dalbergia*

【木材名称】红酸枝木

【地方名称／英文名称】Kingwood, Violet-wood，pau violeta，jacarandá violeta

弦（或径）面纹理

【产地及分布】巴西东北部地区。

【木材材性】心材新切面栗褐色至紫红褐色或深紫褐色，常具黑褐色细条纹；具酸香气，或微弱。木材光泽强，结构细，纹理直或交错，甚重，强度高，天然耐腐性强；车旋、抛光及打磨性能良好。气干密度 $0.92 \sim 1.20 \text{g/cm}^3$。

【木材用途】木材适用于高级家具、细木工、装饰单板、乐器部件、刀柄、雕刻、镶嵌、工艺品等。

横切面微观图

交趾黄檀 *Dalbergia cochinchinensis* Pierre

原木段

【中文名】交趾黄檀

【学名】*Dalbergia cochinchinensis* Pierre

【科属】蝶形花科 Fabaceae

　　　　黄檀属 *Dalbergia*

【木材名称】红酸枝木

【地方名称 / 英文名称】Siam rosewood

【市场不规范名称】大红酸枝、老挝红酸枝、老红木

弦（或径）面纹理

【产地及分布】泰国、越南、柬埔寨、老挝。

【木材材性】心材新切面紫红褐或暗红褐，常带黑褐或栗褐色深条纹，与边材区别明显；边材灰白色。生长轮不明显。木材具光泽；有酸香气或微弱；结构细；纹理通常直。木材甚重；甚硬；强度甚高；干燥良好，干燥速度应缓慢；很耐腐；锯、刨加工不难，刨面光洁漂亮；油性强。气干密度 $1.01 \sim 1.09 \mathrm{g/cm^3}$。

【木材用途】木材可制造高级家具、装饰性单板、雕刻、乐器、工具柄、拐杖、刀把、算盘珠和框等。

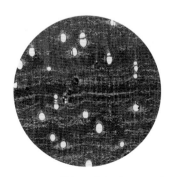

横切面微观图

原木段

【中文名】刀状黑黄檀

【学名】*Dalbergia cultrata* Benth.

【科属】蝶形花科 Fabaceae

　　　　黄檀属 *Dalbergia*

【木材名称】黑酸枝木

【地方名称／英文名称】Burma blackwood

【市场不规范名称】缅甸黑檀、缅甸黑酸枝

弦（或径）面纹理

【产地及分布】主产于缅甸、印度、越南和我国云南（西双版纳）。

【木材材性】心材新切面紫黑或紫红褐色，常带深褐或栗褐色条纹；新切面有酸香气；结构细；纹理颇直。强度高，硬度大，切削稍难，但切面光滑，打蜡或油漆性能均佳。气干密度 0.89～1.14g/cm³。

【木材用途】木材宜制作官帽椅、沙发、餐桌等高级古典家具。

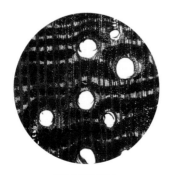

横切面微观图

原木段

【中文名】落芽黄檀（灌木黄檀）

【学名】 *Dalbergia decipularis* Rizzini & A. Mattos [*Dalbergia frutescens* (Vell.) Britton]

【科属】 蝶形花科 Fabaceae

黄檀属 *Dalbergia*

【木材名称】 红酸枝木

【地方名称／英文名称】 Brazilian tulipwood，Tulipwood

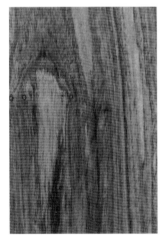

弦（或径）面纹理

【产地及分布】 巴西东北部。

【木材材性】 心材红褐色至紫红褐，常具橘红色或橘黄条纹栗褐色深条纹；与边材区别明显。木材半环孔材；具宜人的香气或微弱。木材结构细；纹理通常直或交错。木材甚重；甚硬；强度甚高；抛光、打磨性好。气干密度 $0.90\sim1.10\text{g/cm}^3$。

【木材用途】 木材适用于制造高级家具、装饰性单板、工具柄、雕刻、镶嵌、工艺品等。

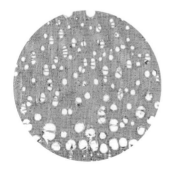

横切面微观图

原木段

【中文名】中美洲黄檀

【学名】*Dalbergia granadillo* Pittier
【科属】蝶形花科 Fabaceae
　　　　黄檀属 *Dalbergia*
【木材名称】红酸枝木
【地方名称 / 英文名称】Cocobolo，
Palissander cocobolo

弦（或径）面纹理

【产地及分布】主产于南美洲及墨西哥。
【木材材性】心材新切面暗红褐、橘红褐至深红褐，常带黑色条纹；新切面气味辛辣；结构细；纹理直或交错。气干密度 0.98～1.22g/cm³。
【木材用途】木材适用于制作高级家具、装饰单板、雕刻、乐器、工具柄等。

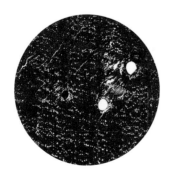

横切面微观图

阔叶黄檀 *Dalbergia latifolia* Roxb.

原木段

【中文名】阔叶黄檀

【学名】*Dalbergia latifolia* Roxb.

【科属】蝶形花科 Fabaceae

黄檀属 *Dalbergia*

【木材名称】黑酸枝木

【地方名称 / 英文名称】印度玫瑰木；

Indian rosewood，Bombay blackwood

【市场不规范名称】大叶紫檀

弦（或径）面纹理

【产地及分布】主产于印度、印度尼西亚。

【木材材性】心材浅金褐、黑褐或深紫红，常有较宽但相距较远的紫黑色条纹。木屑酒精浸出液有明显紫色调；新切面有酸香气；结构细（较其他种略粗）；纹理交错。气干密度 $0.75 \sim 1.04 \text{g/cm}^3$，多数 $0.82 \sim 0.86 \text{g/cm}^3$。

【木材用途】木材主要用作家具（特别是红木家具）、装饰单板、胶合板、高级车厢、钢琴外壳、镶嵌板、隔墙板、地板等。

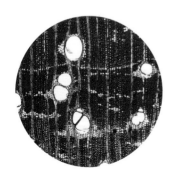

横切面微观图

原木段

【中文名】卢氏黑黄檀

【学名】*Dalbergia louvelii* R.Viguier

【科属】蝶形花科 Fabaceae
黄檀属 *Dalbergia*

【木材名称】黑酸枝木

【地方名称 / 英文名称】Bois de rose

【市场不规范名称】大叶紫檀、大叶檀

弦（或径）面纹理

【产地及分布】主产于马达加斯加。

【木材材性】心材新切面橘红色，久则转为深紫或黑紫。木材酸香气微弱；结构甚细至细；纹理交错；有局部卷曲。木材硬度大，强度高；加工略难，油漆性能好。气干密度约 0.95g/cm³。

【木材用途】木材宜作宝座、官帽椅、顶箱柜、沙发、餐桌、书桌、博古架等高级古典家具，笔筒、书画筒、手镯等高级工艺品。

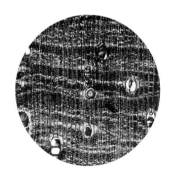

横切面微观图

原木段

【中文名】东非黑黄檀

【学名】*Dalbergia melanoxylon* Guill. & Perr.

【科属】蝶形花科 Fabaceae

黄檀属 *Dalbergia*

【木材名称】黑酸枝木

【地方名称 / 英文名称】Grenadille afrique，African blackwood

【市场不规范名称】紫光檀

弦（或径）面纹理

【产地及分布】主产于东非。

【木材材性】心材黑褐至黄紫褐，常带黑色条纹。木材无酸香气或很微弱；结构甚细；木材纹理通常直。木材硬度大，强度高，性质稳定，质地细腻，光泽好，油漆、打蜡性能均佳。气干密度 $1.00 \sim 1.33 g/cm^3$。

【木材用途】木材用于制作与紫檀、乌木材质相近的官帽椅、皇宫椅、餐桌、书桌、博古架等高级古典家具，也是笔筒、人物或动物肖像雕刻工艺品等的上等材料，也可代替乌木使用。

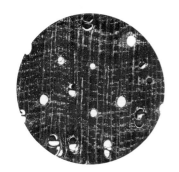

横切面微观图

原木段（暂缺）

【中文名】巴西黑黄檀

【学名】*Dalbergia nigra*（Vell.）Benth.

【科属】蝶形花科 Fabaceae

黄檀属 *Dalbergia*

【木材名称】黑酸枝木

【地方名称／英文名称】Brazilian rosewood，Jacaranda，Rio rosewood，Rio palisander

弦（或径）面纹理

【产地及分布】主产于热带南美洲，特别是巴西。

【木材材性】心材黑褐、巧克力色至紫褐色，常带有明显的黑色窄条纹；与边材区别明显。边材近白色。生长轮不明显。木材具光泽，有油性感；新切面酸香气浓郁；结构细（较其他种略粗）；纹理交错。木材重；干缩率甚大；强度高；干燥性能良好，但宜慢；很耐腐；能抗虫害，但表面畅游小蠹虫危害。木材车旋、刨切性能良好，精加工性能亦佳；蒸煮后弯曲性能好，并具有很好的耐候性；胶黏性能有变异；木屑可能引起皮炎。气干密度 $0.86 \sim 1.01 \mathrm{g/cm}^3$。

【木材用途】木材适用于高级家具、细木工、装饰单板、乐器、室内装修、车工制品、工具柄等。

横切面微观图

降香黄檀 *Dalbergia odorifera* T. Chen

原木段

【中文名】降香黄檀

【学名】*Dalbergia odorifera* T. Chen

【科属】蝶形花科 Fabaceae

　　　　黄檀属 *Dalbergia*

【木材名称】香枝木

【地方名称 / 英文名称】黄花梨、Scented rosewood

【市场不规范名称】海南黄花梨、海黄

弦（或径）面纹理

【产地及分布】海南。

【木材材性】心材新切面紫红褐或深红褐色，常带黑色条纹；新切面辛辣香气浓郁，久则微香；纹理斜或交错；结构致密，材色美丽，花纹多变。木材抛光、打磨性好。气干密度 0.82～0.94g/cm³。

【木材用途】木材为高级家具、工艺品、雕刻等的高档原料，可浸提香料及药剂。

横切面微观图

奥氏黄檀 *Dalbergia oliveri* Prain

原木段

【中文名】奥氏黄檀

【学名】 *Dalbergia oliveri* Prain
【科属】 蝶形花科 Fabaceae
　　　　黄檀属 *Dalbergia*
【木材名称】 红酸枝木
【地方名称 / 英文名称】 Burma tulipwood，
Burmese Rosewood
【市场不规范名称】 缅甸酸枝、白枝、白
酸枝

【产地及分布】 主产于中南半岛的缅甸、老挝、柬埔寨、
泰国等地。

【木材材性】 心材新切面柠檬红、红褐至粉红褐，常带明
显的黑色条纹；与边材区别明显。新切面有酸香气或微
弱；结构细；纹理通常直或至交错；甚重；甚硬；强度
高；很耐腐；能抗白蚁；耐磨性能良好；锯解时略困难。
气干密度 1.00g/cm³。

【木材用途】 木材适用于高级家具、细木工、装饰单板、
乐器部件、刀柄、雕刻、工艺品等。

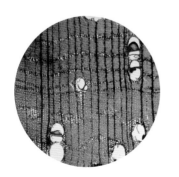

弦（或径）面纹理

横切面微观图

原木段

【中文名】微凹黄檀

【学名】*Dalbergia retusa* Hesml.

【科属】蝶形花科 Fabaceae

　　　黄檀属 *Dalbergia*

【木材名称】红酸枝木

【地方名称/英文名称】Cocobolo，Granadillo

【市场不规范名称】南美大红酸枝

弦（或径）面纹理

【产地及分布】产于墨西哥、中美洲至哥伦比亚北部地区。

【木材材性】心材新切面暗红褐、橘红褐至深红褐，常带黑色条纹。木材具光泽；新切面酸辛味浓；结构细；纹理直或交错；木材甚重；强度高；干燥应慢；耐腐；抗海生钻木动物危害性强；机械加工性能好；具油性感；易砂光；胶黏性较差。气干密度 $0.98 \sim 1.22 \mathrm{g/cm^3}$。

【木材用途】木材适用于制造高级家具、装饰性单板、装饰盒、雕刻、乐器、工具柄、车旋制品等。

横切面微观图

印度黄檀 *Dalbergia sisso* DC.

原木段

蝶形花科 Fabaceae

【中文名】印度黄檀

【学名】*Dalbergia sisso* DC.
【科属】蝶形花科 Fabaceae
　　　　黄檀属 *Dalbergia*
【木材名称】印度黄檀
【地方名称 / 英文名称】Indian rosewood, Sheesham

弦（或径）面纹理

【产地及分布】主产于南亚次大陆的印度北部、尼泊尔、巴基斯坦等地。我国福建、广东、海南有栽培。

【木材材性】木材光泽强；纹理直或交错直；结构略粗至中等，均匀。木材略重。木材加工不难，刨面光滑，油漆后光亮性好，容易胶黏。木材具有浓烈香气。气干密度 0.77g/cm³。

【木材用途】木材适用于装饰薄木、家具、打击乐器、雕刻、车旋制品。东南亚国家一般又作为供制佛香的原料。

横切面微观图
（粗视图）

亚马孙黄檀 *Dalbergia spruceana* Benth.

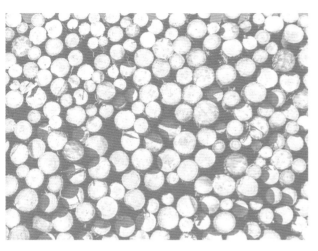

原木段（暂缺）

【中文名】亚马孙黄檀

【学名】 *Dalbergia spruceana* Benth.

【科属】 蝶形花科 Fabaceae

黄檀属 *Dalbergia*

【木材名称】 黑酸枝木

【地方名称 / 英文名称】 Amazon rosewood，Para rosewood，Jacaranda

弦（或径）面纹理

【产地及分布】 主产于南美亚马孙。

【木材材性】 心材红褐、深紫灰褐，常带黑色条纹；与边材区别明显。边材浅黄白色。生长轮不明显。木材具光泽；酸香气无或很微弱；结构细；纹理直至略交错；木材甚重；强度中等或中至高。木材锯、刨等加工不难，切面光滑。气干密度 0.90～1.10g/cm³。

【木材用途】 木材适用于高级家具、细木工、室内装修、刨切装饰单板、雕刻、乐器、剑柄等。

横切面微观图

原木段

【中文名】伯利兹黄檀

【学名】*Dalbergia stevensonii* Tandl.

【科属】蝶形花科 Fabaceae

　　　　黄檀属 *Dalbergia*

【木材名称】黑酸枝木

【地方名称 / 英文名称】Palisandro de honduras，Honduras rosewood

弦（或径）面纹理

【产地及分布】主产于中美洲伯利兹。

【木材材性】心材浅红褐、黑褐或紫褐，常带规则或不规则相间的黑色条纹，色泽比较均匀；边材色浅；生长轮明显。木材具光泽；酸香气无或很微弱；结构细；纹理直；甚重；强度高。木材建议窑干；天然耐腐性强，但抗蚁性能中等。木材锯、刨等加工性能中等，工具易钝，车旋及精加工好。气干密度 0.93~1.19g/cm³。

【木材用途】木材适用于高级家具、细木工、装饰单板、乐器部件、刷背、刀柄、雕刻、工艺品等。

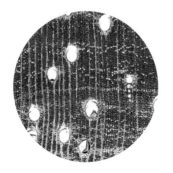

横切面微观图

东京黄檀 *Dalbergia tonkinensis* Prain

原木段

【中文名】东京黄檀

【学名】*Dalbergia tonkinensis* Prain
【科属】蝶形花科 Fabaceae
　　　　黄檀属 *Dalbergia*
【木材名称】香枝木
【地方名称 / 英文名称】黄花梨；Scented
rosewood
【市场不规范名称】越南黄花梨、越黄

板面纹理

【产地及分布】越南。

【木材材性】心材黄褐、红褐色至紫褐色，常带深色条纹；新切面辛辣香气浓郁，久则微香；纹理斜或交错；结构致密，材色美丽，花纹多变。木材抛光、打磨性好。气干密度 0.88~0.95g/cm³。

【木材用途】木材为高级家具、工艺品、雕刻等的高档原料。

横切面微观图

原木段

【中文名】危地马拉黄檀

【学名】*Dalbergia tucurensis* Donn.Sm.

【科属】蝶形花科 Fabaceae

　　　黄檀属 *Dalbergsia*

【木材名称】红酸枝木

【地方名称 / 英文名称】Yucatan Rosewood,
Guatemala rosewood,Panama Rosewood,
Nicaraguan Rosewood

【市场不规范名称】花枝、花酸枝、紫酸枝

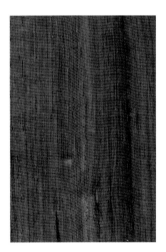

弦（或径）面纹理

产地及分布】主产墨西哥及中南美洲。

【木材材性】心材新切面暗红褐、橘红褐至深红褐，常带
黑色条纹；不具酸香气或极微弱；结构细；纹理常交错。
气干密度 $0.68 \sim 0.85\text{g/cm}^3$。

【木材用途】木材适用于制作高级家具、细木工、装饰单板、
雕刻、工具柄等。

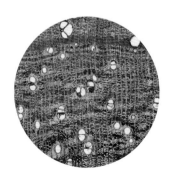

横切面微观图

香二翅豆 *Dipteryx odorata*（Aubl.）Willd.

原木段

【中文名】香二翅豆

【学名】*Dipteryx odorata*（Aubl.）Willd.

【科属】蝶形花科 Fabaceae

二翅豆属 *Dipteryx*

【木材名称】二翅豆

【地方名称／英文名称】Almendro（哥斯达黎加、巴拿马），Sarrapia（委内瑞拉、哥伦比亚、巴西），Baru，Champanhe，Cumaru-da-fol-hagrande，Cumaru-ferro，Cumaru，Brazilian Teak

【市场不规范名称】龙凤檀

弦（或径）面纹理

【产地及分布】分布于圭亚那、委内瑞拉、哥伦比亚和巴西的亚马孙河流域等。

【木材材性】木材具光泽；纹理常交错；结构细，略均匀；木材甚重；干缩大至甚大；强度高。木材干燥速度中等；耐腐性强；能抗白蚁和海生钻木动物危害。由于木材硬、重，加工困难，但锯、刨、钻孔均能获得光洁表面；胶黏性差；耐磨性能和耐候性能好；油漆性能好。气干密度1.09g/cm³。

【木材用途】木材适用于重型建筑、地板、矿柱、枕木、电杆、车辆、造船、农具、运动器材、工具柄、车旋制品、高级家具、橱柜等。

横切面微观图

硬木军刀豆 *Machaerium scleroxylon* Tul.

原木段

弦（或径）面纹理

蝶形花科 Fabaceae

116

【中文名】 硬木军刀豆

【学名】 *Machaerium scleroxylon* Tul.

【科属】 蝶形花科 Fabaceae

军刀豆属 *Machaerium*

【木材名称】 军刀豆

【地方名称 / 英文名称】 Caviuna，Morado（玻利维亚），Pau ferro，Jacaranda（巴西），Santos Palisander，Bolivian rosewood，Santos rosewood，Pau Ferro，Morado

【市场不规范名称】 巴西酸枝

【产地及分布】 分布于玻利维亚、巴西、阿根廷、巴拉圭、秘鲁等地。

【木材材性】 木材具光泽；无特殊气味和滋味；纹理直至略交错；结构甚细而匀；木材重；干缩大；强度高。木材耐腐；防腐剂浸注不易。木材刨、锯等加工不难，加工性能良好。气干密度 0.87g/cm³。

【木材用途】 木材适用于建筑木制品如地板、墙板，高档家具，橱柜，装饰单板，车旋制品，细木工制品，乐器用材、工具柄等。

横切面微观图

非洲崖豆木 *Millettia laurentii* De Wild

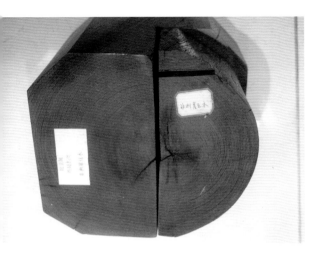

原木段

弦（或径）面纹理

横切面微观图

【中文名】非洲崖豆木

【学名】 *Millettia laurentii* De Wild

【科属】 蝶形花科 Fabaceae

崖豆属 *Millettia*

【木材名称】 鸡翅木

【地方名称 / 英文名称】 Wenge，Dikela，nson-so，awong

【产地及分布】 主产于非洲西部的加蓬、刚果、喀唛隆等地。

【木材材性】 心材黑褐至紫黑褐色，具深浅相间细条纹，弦切面呈鸡翅状花纹；与边材区别明显。边材浅黄色。生长轮不明显。木材具光泽；结构细至中；纹理常交错；木材重；干缩甚大；强度高；干燥慢；很耐腐；能抗白蚁和小蠹虫危害；锯、刨加工不困难，但锯齿易钝，刨面光滑；钉钉易劈裂，最好先打孔。气干密度 $0.75 \sim 0.88 \text{g/cm}^3$。

【木材用途】 木材通常用作高级家具，刨切装饰单板，室内装修，车工制品，雕刻等；还可用于重型建筑，耐久材，车辆，运动器材等。

白花崖豆木 *Millettia leucantha* Kurz

原木段

【中文名】白花崖豆木

【学名】 *Millettia leucantha* Kurz
【科属】 蝶形花科 Fabaceae
崖豆属 *Millettia*
【木材名称】 鸡翅木
【地方名称 / 英文名称】 Thinwin，Theng-weng（缅甸），Sathon（泰国）

弦（或径）面纹理

【产地及分布】 主产于缅甸及泰国。

【木材材性】 心材黑褐或栗褐，常带黑色条纹；与边材区别明显。边材浅黄色。生长轮不明显或明显。木材光泽弱；香气无；结构细至中；纹理通常直至略交错；甚重；甚硬；强度高；干燥性能良好；很耐腐；锯解困难；弦面羽状条纹很美丽。气干密度 1.02g/cm³。

【木材用途】 木材适用于高级家具、隔墙板、装饰单板，在缅甸多用作柱子、桥梁及农具等。

横切面微观图

斯图崖豆木 *Millettia stuhlmannii* Taub.

原木段

【中文名】 斯图崖豆木

【学名】 *Millettia stuhlmannii* Taub.
【科属】 蝶形花科 Fabaceae
崖豆属 *Millettia*
【木材名称】 鸡翅木
【地方名称／英文名称】 Panga Panga，
jambire，mpande
【市场不规范名称】 黄鸡翅

弦（或径）面纹理

【产地及分布】 主产于非洲东部的莫桑比克、坦桑尼亚等地。
【木材材性】 心材黄褐色至咖啡色，具深浅相间细条纹，弦切面呈鸡翅状花纹；边材浅黄色。生长轮不明显。木材具光泽；结构细至中；纹理常交错；木材重；干缩甚大；强度高；干燥慢；耐腐；锯、刨加工不困难，刨面光滑；钉钉易劈裂，最好先打孔。气干密度 $0.75\sim0.87g/cm^3$。
【木材用途】 木材通常用作高级家具，刨切装饰单板，室内装修，车工制品，雕刻等；还可用于重型建筑，耐久材，车辆，运动器材等。

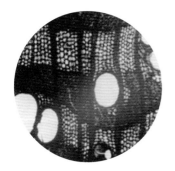

横切面微观图

原木段

【中文名】香脂木豆

【学名】*Myroxylon balsamum*（L.）Harms

【科属】蝶形花科 Fabaceae

香脂木豆属 *Myroxylon*

【木材名称】香脂木豆

【地方名称/英文名称】Cabreuva vermelha，Balsamo，Oleo-Vermilho（巴西），Estoraque（秘鲁），Santos mahogany，Cabreuva

【市场不规范名称】红檀香

弦（或径）面纹理

【产地及分布】分布于巴西、秘鲁、委内瑞拉、阿根廷等地。

【木材材性】木材光泽强；木材纹理交错；结构甚细而匀；木材重；干缩中；强度高。木材耐腐；抗蚁性强，能抗菌、虫危害。木材加工略困难，但切面很光滑；因纹理交错，刨时宜小心；木材着色性能差。气干密度 0.91g/cm³。

【木材用途】木材适用于重型建筑结构用材、地板、家具、室内装修、车辆、造船、矿柱、枕木、电杆、农具、工具柄、雕刻、车旋制品等。

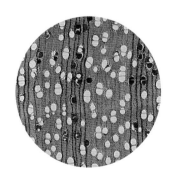

横切面微观图

大美木豆 *Pericopsis elata*（Harms）Meeuwen

原木段

【中文名】大美木豆

【学名】*Pericopsis elata*（Harms）Meeuwen

【科属】蝶形花科 Fabaceae

　　　　美木豆属 *Pericopsis*

【木材名称】美木豆

【地方名称/英文名称】Awawabl，Kokrodua，Awawai（加纳），Obang（喀麦隆、加蓬、中非），Ole，Bahala，Mohole（扎伊尔），Ayin（尼日利亚），Ejen（喀麦隆），Afromosia，African Teak

【市场不规范名称】非洲柚木

弦（或径）面纹理

【产地及分布】产于西非和中非地区，主产于加纳和科特迪瓦、扎伊尔、尼日利亚、喀麦隆。

【木材材性】木材具光泽；纹理略斜至交错；结构细，均匀；木材重量中至略重；干缩中至大；强度中至高。木材干燥相当慢。很耐腐；抗蚁蛀。木材锯、刨等加工容易，车旋性能优良；胶黏亦佳；涂饰性好。木材含单宁，在湿的条件下与铁接触有易生锈的倾向。气干密度 0.72g/cm³。

【木材用途】木材适用于建筑结构及建筑木制品、耐久材，宜作高级家具、地板、细木工、车旋制品、装饰单板、船舶、车辆、工具柄等。

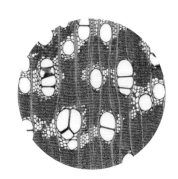

横切面微观图

阔变豆 *Platymiscium spp.*

原木段

【中文名】阔变豆

【学名】*Platymiscium* spp.

【科属】蝶形花科 Fabaceae

　　　阔变豆属 *Platymiscium*

【地方名称/英文名称】Granadillo,
Hormiguillo（墨西哥），Macacauba,
Macawood,Hormigo（巴西），Tlacuilo（巴
拿马），Roble（委内瑞拉）

【地方名称】南美白酸枝

弦（或径）面纹理

【产地及分布】主要分布于墨西哥，巴西以及苏里南等国家地区。

【木材材性】木材光强泽；纹理直或交错；结构略细，均匀；木材色泽美观、常具深色条纹，装饰性强。木材重至很重；强度大。木材很耐腐；抗虫蛀。木材具有良好的加工性、表面光滑、车旋、胶黏和涂饰性好。气干密度 $0.75 \sim 1.02g/cm^3$。

【木材用途】木材宜作高级家具、橱柜、装饰单板、车旋制品、雕刻、细木工制品，乐器、耐久材、工具柄等。

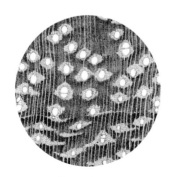

横切面微观图

安哥拉紫檀 *Pterocarpus angolensis* DC.

原木段

【中文名】安哥拉紫檀

【学名】*Pterocarpus angolensis* DC.

【科属】蝶形花科 Fabaceae

紫檀属 *Pterocarpus*

【木材名称】亚花梨

【地方名称/英文名称】Muniga,
Girassonde（安哥拉），Umbila（莫桑比克），
Muninga（津巴布韦），Kiaat，Mukwa

【市场不规范名称】红高花、高棉红

弦（或径）面纹理

【产地及分布】分布于坦桑尼亚、莫桑比克、津巴布韦、南非等中非至西非地区。

【木材材性】木材具光泽；有微弱香气，无特殊滋味；纹理直至略交错，结构细，略均匀，木材重量轻至中；干缩小；强度中等。木材干燥慢。略耐腐；抗蚁和抗海生钻木动物能力中至强；防腐剂处理边材容易，心材困难。木材加工性能良好，但握钉力良好。气干密度 $0.51 \sim 0.72 \mathrm{g/cm^3}$。

【木材用途】木材适用于家具、微薄木、胶合板、室内装修、耐久材、车辆、造船、农业机械、乐器、精密仪器包装、雕刻、玩具等。

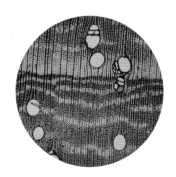

横切面微观图

原木段

【中文名】非洲紫檀

【学名】*Pterocarpus soyauxii* Taub.

【科属】蝶形花科 Fabaceae

　　　　紫檀属 *Pterocarpus*

【木材名称】亚花梨

【地方名称 / 英文名称】Bosulu，Corail，Mukula，Mongola，Ngula，Nzali（扎伊尔），Osun（尼日利亚），African padauk，Barwood，Camwood（英国）

【市场不规范名称】红花梨、非洲花梨

弦（或径）面纹理

【产地及分布】产于尼日利亚、喀麦隆、扎伊尔、加蓬、加纳、刚果、赤道几内亚、纳米比亚、安哥拉等。

【木材材性】木材光泽强；新切面微具香气；纹理直至略交错；结构中，略均匀。木材重量中等；干缩中，硬度及强度中等。木材干燥慢至中，干燥性能良好。心材很耐腐；能抗蚁和小蠹虫危害。木材锯、刨等加工容易；易于胶黏；握钉力良好。气干密度 $0.67 \sim 0.82 \text{g/cm}^3$。

【木材用途】木材适用于制作高级工具、细木工、微薄木、胶合板、仪器箱盒、蓄电池隔电板、车工制品、雕刻、地板、工具柄、刀把，因耐腐也宜用于海港码头、造船等。

横切面微观图

原木段

【中文名】安达曼紫檀

【学名】*Pterocarpus dalbergioides* DC.

【科属】蝶形花科 Fabaceae

紫檀属 *Pterocarpus*

【木材名称】花梨木

【地方名称 / 英文名称】Andaman padauk

弦（或径）面纹理

【产地及分布】原产于印度安达曼群岛。

【木材材性】心材红褐色至紫红褐色，木材常带黑色条纹。木屑水浸出液呈黄褐色，有荧光。木材香气无或很微弱；结构细；纹理典型交错，具鹿（虎）斑花纹。气干密度0.69～0.87g/cm³。

【木材用途】木材用作高级家具、细木工、装饰盒，刨切或旋切单板可用来作船舶和客车车厢内部装修。该树种产生的树瘤用来制作微薄木非常美丽，是高级家具和细木工的镶嵌材料。

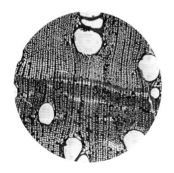

横切面微观图

原木段

【中文名】刺猬紫檀

【学名】*Pterocarpus erinaceus* Poir.

【科属】蝶形花科 Fabaceae
　　　　紫檀属 *Pterocarpus*

【木材名称】花梨木

地方名称/英文名称】Ambila，Kosso，African Rosewood，Senegal Rosewood

【市场不规范名称】非洲花梨、亚花梨

弦（或径）面纹理

产地及分布】产于非洲西部的塞内加尔、冈比亚、几内亚比绍、塞拉利昂、加纳、科特迪瓦、贝宁、尼日利亚、多哥、马里等热带非洲国家。

【木材材性】心材红褐至紫红褐色，常带深色条纹。木材具香气，有的具令人不愉快的气味；强度、硬度大；加工容易，油漆或上蜡性能良好。木材结构细；纹理交错。气干密度 0.85g/cm^3。

【木材用途】木材宜作官帽椅、圈椅、床类、顶箱柜、沙发、餐桌、书桌等高级工艺家具，以及人物或动物肖像工艺品的雕刻等。

横切面微观图

原木段

【中文名】印度紫檀

【学名】*Pterocarpus indicus* Willd.

【科属】蝶形花科 Fabaceae
　　　　紫檀属 *Pterocarpus*

【木材名称】花梨木，亚花梨（依据木材气干密度判定）

【地方名称／英文名称】Amboyna，Narra，Burmacoast padauk，Manila padauk，N. G. Rosewood

【市场不规范名称】草花梨

弦（或径）面纹理

【产地及分布】主产于印度、东南亚，我国广东、云南、广西、海南及台湾。

【木材材性】心材红褐、深红褐或金黄色，常带深浅相间的深色条纹；划痕未见；水浸出液深黄褐色，有荧光。新切面有香气或很微弱；结构细；纹理斜至略交错。气干密度 $0.53\sim0.94g/cm^3$。

【木材用途】木材用作高级家具、细木工、钢琴、电视机、收音机的外壳，旋切单板可用来作船舶和客车车厢内部装修。该树种产生的树瘤用来制作微薄木非常美丽，是高级家具和细木工的好材料。

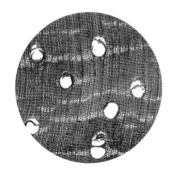

横切面微观图

大果紫檀 *Pterocarpus macrocarpus* Kurz

原木段

【中文名】大果紫檀

【学名】*Pterocarpus macrocarpus* Kurz

【科属】蝶形花科 Fabaceae
　　　　紫檀属 *Pterocarpus*

【木材名称】花梨木

【地方名称 / 英文名称】Burma padauk，Padauk

【市场不规范名称】缅甸花梨、香红木

【产地及分布】主产于中南半岛。

【木材材性】心材橘红、砖红或紫红色，常带深色条纹；划痕可见至明显；木屑水浸出液浅黄褐色，荧光弱或无。香气浓郁；结构细；纹理交错。木材纹理交错，结构细，具清香气味。气干密度 $0.80 \sim 1.01 \text{g/cm}^3$。

【木材用途】木材用作高级家具、细木工、镶嵌板、地板、车辆、农业机械、工具柄、乐器、雪茄盒、首饰盒及其他工艺品。

弦（或径）面纹理

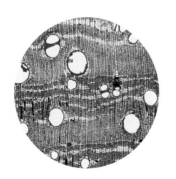

横切面微观图

原木段（暂缺）

【中文名】囊状紫檀

【学名】 *Pterocarpus marsupium* Roxb.

【科属】 蝶形花科 Fabaceae

紫檀属 *Pterocarpus*

【木材名称】 花梨木

【地方名称 / 英文名称】 Padauk，Maidu，Bijasal

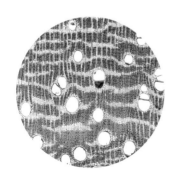

弦（或径）面纹理

【产地及分布】 原产于印度、斯里兰卡。

【木材材性】 心材红褐至紫红褐色，常带深色条纹；划痕未见；木屑水浸出液荧光明显。木材香气浓郁；结构细；纹理交错。木材强度、硬度大；加工容易，油漆或上蜡性能良好。气干密度 0.75～0.80g/cm^3。

【木材用途】 木材宜做椅类、床类、顶箱柜、沙发、餐桌、书桌等高级工艺家具，人物或动物肖像雕刻等工艺品等。

横切面微观图

檀香紫檀 *Pterocarpus santalinus* L.f.

【中文名】檀香紫檀

【学名】*Pterocarpus santalinus* L.f.

【科属】蝶形花科 Fabaceae

紫檀属 *Pterocarpus*

【木材名称】紫檀木

【地方名称/英文名称】Red sanders，Red sandalwood

【市场不规范名称】小叶紫檀、印度小叶檀、金星紫檀、牛毛纹紫檀

原木段

弦（或径）面纹理

【产地及分布】原产于印度。

【木材材性】心材新切面橘红色，久则转为深紫或黑紫，常带浅色和紫黑条纹，划痕明显；木屑水浸出液紫红色，有荧光；具香气或很微弱；车旋、雕刻、打磨性能良好。结构甚细至细；纹理交错，有的局部卷曲（有人借此称为牛毛纹紫檀）。木材有的管孔中具红褐色矿物质沉积物（有人借此称为金星紫檀）。气干密度 $1.05 \sim 1.26 g/cm^3$。

【木材用途】木材宜作官帽椅、圈椅、床类、顶箱柜、沙发、餐桌、书桌、博古架等高级古典家具，笔筒、书画筒、手镯等高级工艺品、乐器部件。

横切面微观图

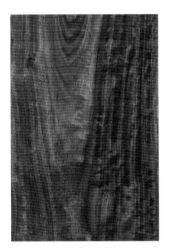

原木段

【中文名】 染料紫檀

【学名】 *Pterocarpus tinctorius* Welw.
【科属】 蝶形花科 Fabaceae
　　　　紫檀属 *Pterocarpus*
【木材名称】 紫檀木
【地方名称／英文名称】 Mukula（赞比亚），
Mukurungu（坦桑尼亚），Tacula（安哥拉）
【市场不规范名称】 血檀

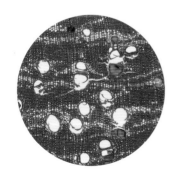

弦（或径）面纹理

【产地及分布】 原产于非洲中部，东部和南部。分布在刚果（布）、刚果（金）向东至坦桑尼亚，向南至安哥拉、赞比亚、马拉维和莫桑比克。

【木材材性】 心材新切面深红或酱红色，久则转为深紫红或黑紫色；划痕明显；木屑水浸出液呈酱红色，有荧光弱或无或甚久可现；香气无或略具青草气。木材结构甚细至细；纹理交错，有的局部卷曲。气干密度 0.85～1.25g/cm³。

【木材用途】 木材宜作官帽椅、圈椅、床类、顶箱柜、沙发、餐桌、书桌、博古架等高级古典家具，笔筒、书画筒、手镯等高级工艺品、乐器部件。

横切面微观图

刺槐 *Robinia pseudoacacia* L.

原木段

【中文名】刺槐

【学名】*Robinia pseudoacacia* L.

【科属】蝶形花科 Fabaceae
　　　　槐树属 *Sophora*

【木材名称】刺槐

【地方名称 / 英文名称】Black Locust，Yellow locust，Robinia，False Acacia（美国），Gemeiner Schotendorn（德国）

【市场不规范名称】金刚柚木

弦（或径）面纹理

【产地及分布】原产于美国中东部至墨西哥，现欧洲、亚洲温带地区广为栽培。

【木材材性】木材纹理直，结构中至略粗，不均匀。木材重，强度高，尤其冲击韧性很高；干缩小、稳定性好。木材锯、刨加工容易。木材干燥稍快，稍有端裂和面裂。天然耐腐性和抗蚁性均强，防腐处理困难。木材汽蒸弯曲性很好。气干密度 0.77g/cm³。

【木材用途】木材宜作为室外用材，如篱桩、坑木、枕木、电杆等；也可用于室内装修、地板、家具、胶合板、车旋制品等。

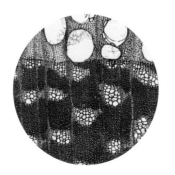

横切面微观图

圭亚那铁木豆 *Swartzia benthamiana* Miq.

原木段

【中文名】圭亚那铁木豆

【学名】*Swartzia benthamiana* Miq.

【科属】蝶形花科 Fabaceae

铁豆木属 *Swartzia*

【木材名称】红铁木豆

【地方名称／英文名称】Ferreol，Wamara，
Itikiboroballi，Montouchy，Morompo，
Okraprabu（圭亚那），Guyana rosewood

【市场不规范名称】红檀、小叶红檀

弦（或径）面纹理

【产地及分布】在圭亚那生长，分布圭亚那中部、北部和
东北部、苏里南及法属圭亚那等。

【木材材性】木材具光泽；纹理略交错；结构细，均匀；
木材重；干缩大；强度高耐磨性好；干燥慢；很耐腐；精
加工性能好。气干密度 0.89g/cm³。

【木材用途】木材适用于高档家具、橱柜、地板、工艺品、
镶嵌细木工、运动器材、重型结构、玩具、雕刻、车旋制
品以及需要强度大和耐久的地方，如造船、重型房屋建筑、
枕木、电杆等。

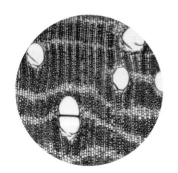

横切面微观图

原木段

【中文名】板栗

【学名】*Castanea mollissima* Blume

【科属】壳斗科 Fagaceae

栗属 *Castanea*

【木材名称】栗木

【地方名称/英文名称】栗子、毛栗；

Chinese chestnut，Hairy chestnut

【产地及分布】分布于我国秦岭、淮河至贵州、广东、广西等地，并广为栽培。

【木材材性】木材纹理直；结构中至粗，不均匀；径面具射线斑纹，有光泽。木材干缩小至中；重量中，强度中，耐腐性较强。因含单宁，湿材与铁接触易致变色。气干密度 $0.59 \sim 0.70 \text{g/cm}^3$。

【木材用途】木材宜作建筑木制品，如门窗、地板、室内装修等，也适用于家具、胶合板、细木工板等。

横切面微观图

弦（或径）面纹理

米槠 *Castanopsis carlesii* Hay.

原木段

弦（或径）面纹理

横切面微观图

【中文名】 米槠

【学名】 *Castanopsis carlesii* Hay.

【科属】 壳斗科 Fagaceae

锥木属 *Castanopsis*

【木材名称】 白锥

【地方名称 / 英文名称】 米锥（广西），白柯、锥仔、白锥、白栲、白栲木、圆子树、美子圆（福建）等；Japanese Evergree Chinkapin

【产地及分布】 产于江苏、浙江、湖南、安徽、江西、福建、云南、广西、广东及台湾等地。日本及朝鲜南部也有分布。

【木材材性】 木材纹理直；结构粗，不均匀；重量中；干缩小或中；强度低或中；冲击韧性中；易开裂，板材干燥颇困难；不耐腐；切削容易；胶黏容易；油漆后光亮性一般；握钉力不大。气干密度 0.50～0.59g/cm³。

【木材用途】 木材可用于家具，修建房屋，各种农具，薪炭材等。因易裂，木材一般不喜用，尤其不作原木使用。

南岭锥 *Castsnopsis fordii* Hance

原木段（暂缺）

【中文名】南岭锥

【学名】 *Castanopsis fordii* Hance
【科属】 壳斗科 Fagaceae
　　　　锥木属 *Castsnopsis*
【木材名称】 红锥
【地方名称 / 英文名称】 南岭栲（广西），毛锥、绒毛栗（广东），大叶红柯、厚皮栲（福建），大红栗栲（浙江）等；Ford Evergree Chinkapin

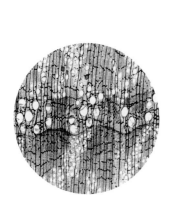

弦（或径）面纹理

【产地及分布】 产于浙江、福建、江西、广东、广西等地。
【木材材性】 木材纹理直；结构略细至中，不均匀；重量中；干缩小或中；强度中；冲击韧性中；耐腐性较好，加工性好、切削容易；易于刨切、旋切，胶黏容易；油漆后光亮性一般；握钉力不大。气干密度 $0.55 \sim 0.62 \text{g/cm}^3$。
【木材用途】 木材可用于家具、建筑、农具以及胶合板、雕刻、文具、美工用材等。

横切面微观图

青冈 *Cyclobalanopsis glauca*（Thunb.）Oerst.

【中文名】青冈

【学名】*Cyclobalanopsis glauca*（Thunb.）
　　　　Oerst.

【科属】壳斗科 Fagaceae
　　　　青冈属 *Cyclobalanopsis*

【木材名称】白青冈

【地方名称 / 英文名称】青冈栎（通称），
青栲（福建），铁栎（湖北），椆树（湖北、
湖南）等；Blue Japanese Oak

原木段

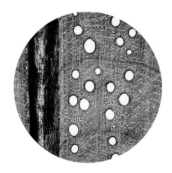

弦（或径）面纹理

【产地及分布】产于浙江、安徽、福建、江西、湖北、湖南、
广东、广西、四川、云南、贵州、河南、陕西及台湾等地。
日本和印度也有分布。

【木材材性】木材有光泽、纹理直、结构中，均匀；木材
重量重；硬或甚硬；干缩大；强度高；冲击韧性好。木材
干燥困难；能耐腐；加工困难，但切削面光滑；径面上具
有银光纹理，油漆后光亮性良好；胶黏容易；握钉力强；
耐磨损。气干密度 0.90g/cm³。

【木材用途】木材适用于枕木、木桩、桥梁、房梁、胶合板、
船舶、车辆、乐器柄、运动器械、拼花地板、家具、走廊扶手、
仪器箱盒等。

横切面微观图

毛果青冈 *Cyclobalanopsis pachyloma*（Seem.）Schott.

原木段

【中文名】毛果青冈

【学名】*Cyclobalanopsis pachyloma*（Seem.）Schott.

【科属】壳斗科 Fagaceae

青冈属 *Cyclobalanopsis*

【木材名称】红青冈

【地方名称/英文名称】赤青冈、红椆、红心椆、赤皮、厚斗锥栗

弦（或径）面纹理

【产地及分布】产于福建、江西、广东、贵州及台湾等地。

【木材材性】木材有光泽、纹理直、结构中，均匀；木材甚重、甚硬；干缩大；强度高；冲击韧性甚高。木材干燥困难；天然耐腐性强；加工困难，但切削面光滑；径面上具有银光纹理，油漆后光亮性良好；胶黏亦易；握钉力强；耐磨损。气干密度 $0.90\sim0.95\text{g/cm}^3$。

【木材用途】木材适用于枕木、木桩、桥梁、房梁、胶合板、船舶、车辆、乐器柄、运动器械、拼花地板、家具、走廊扶手、仪器箱盒等。

横切面微观图

原木段

【中文名】欧洲水青冈

【学名】*Fagus sylvatica* L.

【科属】壳斗科 Fagaceae

水青冈属 *Fagus*

【木材名称】水青冈

【地方名称 / 英文名称】Beech，European beech（英国），Rotbuche，Gemeine Buche（德国），hetre，fayard（法国），faggio（意大利），beuken（荷兰）；山毛榉

【市场不规范名称】欧洲榉木、红榉、白榉

弦（或径）面纹理

【产地及分布】广泛分布于欧洲地区，至地国海沿岸。

【木材材性】木材有光泽，纹理直，结构细而匀；重量中，干缩大，稳定性差。木材强度中至高；不耐腐，不抗白蚁。因富含单宁，湿材与铁接触易致变色。气干密度 $0.67 \sim 0.72 \text{g/cm}^3$。

【木材用途】木材适用于家具、地板、木线条、刨切微薄木、贴面板、旋切单板、胶合板、室内装饰、运动器械、车旋制品、精细木工制品、玩具等。

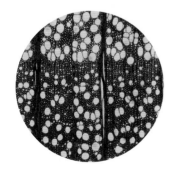

横切面微观图

石栎 *Lithocarpus glaber*（Thunb.）Nakai

【中文名】石栎

【学名】*Lithocarpus glaber*（Thunb.）Nakai
【科属】壳斗科 Fagaceae
　　　　石栎属 *Lithocarpus*
【木材名称】椆木
【地方名称／英文名称】红槠、大叶槠、栲树、椆木、柯；Glabrous tanoak

原木段

弦（或径）面纹理

【产地及分布】产于我国浙江、安徽、福建、江西、湖北、湖南、广东、广西、四川、云南、贵州、河南、陕西及台湾等地。日本和印度也有分布。

【木材材性】木材纹理直或斜、结构中，均匀。木材重量中；硬度中至硬；干缩中大；强度和冲击韧性中。干燥困难。木材不耐腐；加工切削不难，加工面光滑；油漆后光亮性良好；胶黏亦易；握钉力强。气干密度 0.67g/cm³。

【木材用途】木材可用于家具、建筑木构件、农具、胶合板等。

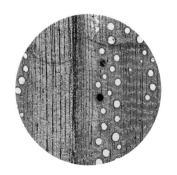
横切面微观图

白栎 *Quercus alba* L.

原木段

【中文名】白栎

【学名】 *Quercus alba* L.

【科属】 壳斗科 Fagaceae

栎属 *Quercus*

【木材名称】 白栎

【地方名称 / 英文名称】 White oak

【市场不规范名称】 白橡

弦（或径）面纹理

【产地及分布】 美国东部地区。

【木材材性】 木材有光泽；纹理直；结构粗，不均匀；重量重。木材硬；干缩中或大；强度高；冲击韧性高。木材耐久性好，较耐腐。木材加工性能良好，锯刨、旋切性好，着色、胶黏性好。因富含单宁，湿材与铁接触易致变色。气干密度 0.75g/cm³。

【木材用途】 木材适用于家具、橱柜，木结构建筑制品（如门窗、地板），室内装修，装饰薄木，胶合板以及造船、车厢、农具、木桶，尤其是世界著名的酒桶用材。

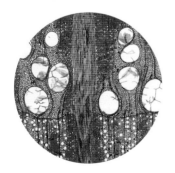

横切面微观图

柞木 *Quercus mongolica* Fisch. et Turcz.

原木段

壳斗科 Fagaceae

142

【中文名】柞木

【学名】*Quercus mongolica* Fisch. et Turcz.
【科属】壳斗科 Fagaceae
　　　　栎属 *Quercus*
【木材名称】槲栎
【地方名称/英文名称】蒙古栎、蒙栎、柞栎、蒙古柞；Mongolian Oak
【市场不规范名称】橡木、白栎

弦（或径）面纹理

【产地及分布】产于我国东北三省以及内蒙古、山西、河北、山东等地。俄罗斯西伯利亚、远东沿海地区、库页岛，蒙古东部，朝鲜，日本等地也有分布。

【木材材性】木材有光泽；无特殊气味和滋味。木材纹理直；结构略粗，不均匀；重量中至重；木材硬；干缩中或大；强度中至高；冲击韧性高。木材耐腐，抗蚁性弱，不抗海生钻木动物危害。气干密度 $0.63 \sim 0.77 \mathrm{g/cm}^3$。

【木材用途】木材适用于家具，木结构建筑制品（如门窗、地板），室内装修，装饰薄木，胶合板以及酒桶等。

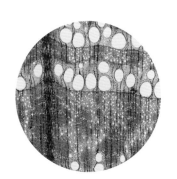

横切面微观图

红栎 *Quercus rubra L.*

原木段

【中文名】红栎

【学名】*Quercus rubra* L.

【科属】壳斗科 Fagaceae

栎属 *Quercus*

【木材名称】红栎

【地方名称 / 英文名称】Red oak,
Northern red oak（美国），American red
oak（英国）

【市场不规范名称】红橡

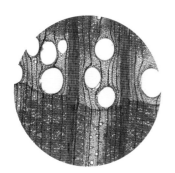

弦（或径）面纹理

【产地及分布】美国东北部至加拿大东南部。

【木材材性】木材有光泽；纹理直；结构粗，不均匀；重量中至重。木材硬；干缩中或大；强度中至高；冲击韧性高；不耐腐。木材加工性能良好，锯、刨、旋切性好，着色、胶黏性好。因富含单宁，湿材与铁接触易致变色。气干密度 0.70g/cm³。

【木材用途】木材适用于家具、橱柜，木结构建筑制品（如门窗、地板），室内装修，装饰薄木，胶合板等。

横切面微观图

原木段

【中文名】棱柱木

【学名】*Gonystylus* spp.

【科属】棱柱木科 Gonystylaceae
棱柱木属 *Gonystylus*

【木材名称】棱柱木

【地方名称／英文名称】Ramin（马来西亚、菲律宾、印度尼西亚），Ramin telur（马来西亚砂拉越），Raminmelawis（马来西亚），Lanutan bagio（菲律宾）等

【市场不规范名称】白木、印尼白木、拉明

弦（或径）面纹理

【产地及分布】分布于马来西亚，印度尼西亚（苏门答腊及加里曼丹），菲律宾等东南亚地区以及巴布亚新几内亚、所罗门群岛等大洋洲岛屿地区。

【木材材性】木材纹理直或略交错；结构细，均匀；木材重量中；干缩小；强度中至高。木材干燥快，木材干燥性能良好。木材不耐腐，易受菌、虫危害发生蓝变，不抗白蚁和海生钻木动物的危害；边材防腐处理容易；锯、刨、旋等加工容易。木材胶黏、油漆等性能良好，钉钉时易劈裂。气干密度 $0.57 \sim 0.63 \mathrm{g/cm}^3$。

【木材用途】木材用于建筑室内制品、屋顶板、室内装修、门窗、地板、楼梯板、镶嵌板、装饰木线条、家具、细木工板、车旋制品、玩具、胶合板、绘图板等。

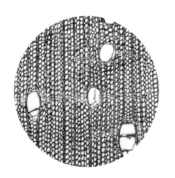

横切面微观图

光毛药树 *Goupia glabra* Aubl.

原木段

【中文名】光毛药树

【学名】 *Goupia glabra* Aubl.

【科属】毛药树科 Goupiaeae

　　　　毛药树属 *Goupia*

【木材名称】毛药木

【地方名称／英文名称】Cupiuba，Cachaceiro，Copiuva（巴西），Sapino，Saino（哥伦比亚），Kabukalli，Copi（圭亚那），Congrio blanco（委内瑞拉），Capricornia（秘鲁），Koepie（苏里南）

【市场不规范名称】圭巴卫矛、卡里木

【产地及分布】分布于南美洲北部。

【木材材性】木材纹理直或交错；结构细、均匀；木材重、强度高；干缩中至大，干材尺寸稳定性不良。木材腐性中，抗白蚁等。湿材有臭味。气干密度 0.73～0.90g/cm³。

【木材用途】木材适用于承重结构材、地板、车旋用材、普通家具、细木工、枕木、矿柱等。

弦（或径）面纹理

横切面微观图

枫香 *Liquidambar formosana* Hance.

金缕梅科 Hamamelidaceae

146

原木段

【中文名】枫香

【学名】*Liquidambar formosana* Hance.

【科属】金缕梅科 Hamamelidaceae

枫香属 *Liquidambar*

【木材名称】枫香

【地方名称 / 英文名称】大叶枫（湖南），枫树（浙江、湖南、广西、皖南），三角枫（闽西），枫木（南昌、广西）等；Sweetgum，Redgum（英国）

【市场不规范名称】枫木

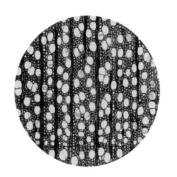

弦（或径）面纹理

【产地及分布】产于我国长江流域以南以及台湾，西南至四川、贵州、云南东南部，南至广东、海南岛、广西均有分布。

【木材材性】木材纹理交错，结构甚细，均匀，重量、硬度及强度中；干缩中至大；冲击韧性中或高。在天然干燥时最易翘裂，木材很容易感染蓝变色菌与腐朽；湿材尚易锯解，板面刨光较难；油漆后光亮性一般；胶黏容易；握钉力较强，不劈裂。气干密度 $0.59\sim0.61\mathrm{g/cm^3}$。

【木材用途】木材宜选作胶合板，供制家具、镶板及普通容器及包装等。板材可制木桶（装干物）、室内装修（门窗除外）、家具、包装、船底板等。

横切面微观图

苞芽树 *Irvingia malayana* Oliv. ex Benn.

原木段

弦（或径）面纹理

【中文名】 苞芽树

【学名】 *Irvingia malayana* Oliv. ex Benn.
【科属】 苞芽树科 Irvingiaceae
　　　　苞芽树属 *Irvingia*
【木材名称】 苞芽树
【地方名称/英文名称】 Kabok（泰国），Pauh kijang（马来西亚），Pauh kidjang（印度尼西亚），Chambak（柬埔寨）

【产地及分布】 分布于中南半岛、马来半岛至印度尼西亚各岛。

【木材材性】 木材具光泽，纹理直或交错；结构细，均匀。木材重至甚重，强度甚高。木材不耐腐，易受真菌感染变色。木材锯和刨稍困难，刨面光滑。气干密度 1.09g/cm³。

【木材用途】 木材适用于建筑承重结构，如梁、柱子、搁栅等。因具装饰性花纹，可用于镶嵌板、拼花地板、细木工制品等。

横切面微观图

美洲山核桃 *Carya illinoinensis*（Wange.）K. Koch

原木段

弦（或径）面纹理

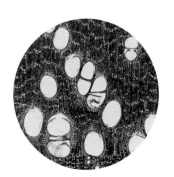

横切面微观图

【中文名】美洲山核桃

【学名】*Carya illinoinensis*（Wange.）K. Koch

【科属】核桃科 Juglandaceae

山核桃属 *Carya*

【木材名称】山核桃

【地方名称/英文名称】Pecan，Sweet Pecan，Pecan hickory

【产地及分布】美国中南部至墨西哥。

【木材材性】木材略具光泽；纹理通常直；结构中等，略均匀；重量、硬度、干缩及强度中；冲击韧性高，握钉力佳。木材不耐腐，易遭虫蛀。容易切削和刨光；油漆后光亮性能优异；胶黏性好，着色和表面涂饰性好，还具有良好的汽蒸弯曲性能。气干密度 0.74g/cm³。

【木材用途】木材可用于家具、橱柜、楼梯、地板、工具柄等，也适用于要求具较高强度和抗冲击的地方。因发热量高，烟雾中散发香气，还是良好的薪材。

黑核桃 *Juglans nigra* L.

原木段

【中文名】 黑核桃

【学名】 *Juglans nigra* L.

【科属】 核桃科 Juglandaceae
核桃属 *Juglans*

【木材名称】 黑核桃

【地方名称 / 英文名称】 Black Walnut（美国）

【市场不规范名称】 黑胡桃

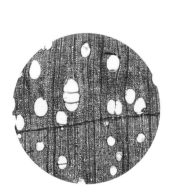

弦（或径）面纹理

【产地及分布】 北美东部地区。

【木材材性】 木材有光泽；纹理直或斜；结构中等，略均匀；重量、硬度、干缩及强度中；冲击韧性高；握钉力佳。木材干燥缓慢，干燥后性质稳定，不变形。木材颇耐腐；加工性能良好，容易切削和刨光；油漆后光亮性能优异；胶黏性和涂饰性好；还具有良好的汽蒸弯曲性能。气干密度 0.61g/cm³。

【木材用途】 木材适用于制造高级家具、橱柜、仪器箱盒、钢琴壳、机模、雕刻、飞机螺旋桨及机翼、车旋制品、相框、各类细木工制品及室内装修。是优良的枪托材。可做胶合板表板，供制家具、收音机壳、仪器盒、墙板、车厢板及船舱装修等。

横切面微观图

核桃木 *Juglans regia* L.

原木段

【中文名】核桃木

【学名】*Juglans regia* L.

【科属】核桃科 Juglandaceae
　　　　核桃属 *Juglans*

【木材名称】核桃木

【地方名称 / 英文名称】Royal walnut，Persian walnut，English walnut，Circassian walnut，European walnut，French walnut，Common walnut

【市场不规范名称】胡桃木

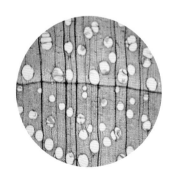

弦（或径）面纹理

【产地及分布】我国华北、西北地区栽培很多，在长江流域及西南地区也较普遍。

【木材材性】木材有光泽；纹理直或斜；结构中等，略均匀；重量、硬度、干缩及强度中；冲击韧性高。木材干燥缓慢，干燥后性质稳定，不变形。木材颇耐腐；容易切削和刨光；油漆后光亮性能优异；胶黏性好；握钉力佳。气干密度 0.64g/cm³。

【木材用途】木材适用于制造高级家具、橱柜、仪器箱盒、钢琴壳、机模、雕刻、飞机螺旋桨及机翼、车旋制品、相框和各类细木工制品及室内装修，是优良的枪托材。可做胶合板表板，供制家具、收音机壳、仪器盒、墙板、车厢板及船舱装修等。

横切面微观图

绿心樟 *Chlorocardium rodiei* (Schomb.) Rohwer，H.G.Richt. & van der Werff

原木段

弦（或径）面纹理

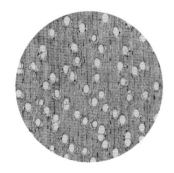

横切面微观图

【中文名】绿心樟

【学名】*Chlorocardium rodiei*（Schomb.）Rohwer，H.G.Richt. & van der Werff

【科属】樟科 Lauraceae

绿心樟属 *Chlorocardium*

【木材名称】绿心樟

【地方名称 / 英文名称】Itauba branca（巴西），Bibiru（巴西、圭亚那），Sipiri，Kevatuk，Cogwood，Kut，Sipu（圭亚那），Beeberoe，Demerara groenhart，Sipiroe（苏里南），Greenheart（英国）

【产地及分布】产于圭亚那、苏里南、委内瑞拉及巴西，常生长在小河旁的密林中，有时也生长在沼泽地区。

【木材材性】木材具光泽；纹理直至波状；结构细，均匀；木材甚重；干缩大至甚大；强度很高。木材气干慢；抗蚁性强，但易受小蠹虫及海生钻木动物危害。木材加工性能中等，加工工具易钝。车旋容易，钉钉宜先打孔，蒸煮后弯曲性能好，木材耐磨性、耐候性、耐燃性能亦佳。气干密度 0.97g/cm³。

【木材用途】木材可用于房屋建筑、家具、地板、造船、码头、车辆、农具、枕木、电杆、矿柱、化工用木桶、车旋制品等。

原木段

【中文名】香樟

【学名】*Cinnamomum camphora*

【科属】樟科 Lauraceae

樟属 *Cinnamomum*

【木材名称】香樟

【地方名称/英文名称】樟树（通称），小叶樟，红心樟（湖南），香蕊（广东），樟木等；Camphor，Camphor Laurel（英）

弦（或径）面纹理

【产地及分布】产于长江流域及以南方各省区；尤其在我国台湾、江西、福建为重要乡土用材树种。

【木材材性】木材光泽强；纹理常交错或螺旋扭转；结构中至细，均匀；重量轻至中；硬度软至中；干缩小；强度低；冲击韧性中，握钉力中至略强，不劈裂。木材干燥略困难，速度较慢，耐腐朽，耐虫害；木材加工不难，刨面光滑，钉钉不难。切削亦易，切面光滑，胶黏性好；油漆后色泽尤为光亮美观。木材具有浓厚的樟脑气味。气干密度 $0.53 \sim 0.60\text{g/cm}^3$。

【木材用途】木材适用于做家具，尤其是衣箱、衣柜、书柜等，也是造船、车辆、房屋建筑及室内装修、木桩、农具、棺椁、木屐等良材；还是制作仪器箱盒、缝纫机台板、风琴外壳、雕刻车旋制品及其他细木工制品和装饰品用材。

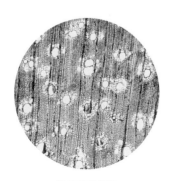

横切面微观图

坤甸铁樟木 *Eusideroxylon zwagri* Teijsm. & Binnend.

原木段

弦（或径）面纹理

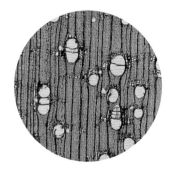

横切面微观图

【中文名】坤甸铁樟木

【学名】*Eusideroxylon zwageri* Teijsm. & Binnend.

【科属】樟科 Lauraceae
　　　　铁樟属 *Eusideroxylon*

【木材名称】坤甸铁樟木

【地方名称/英文名称】Belian（加里曼丹），Uling，Onglen，Bulian，Badjudjang，Talihan，Tihin，Tabulin，Oelin（印度尼西亚），Tambulian（菲律宾），Borneo ironwood（英国）

【市场不规范名称】坤甸铁木

樟科 Lauraceae

153

【产地及分布】分布于马来西亚、印度尼西亚及菲律宾。

【木材材性】木材具光泽；纹理直或略斜；结构细至中，均匀。木材甚重；很硬；干缩甚大；强度甚高。木材干燥慢；耐腐性强，抗虫能力强，能抗白蚁，但不能抗水生钻木动物危害。木材锯解不难，钉钉不易，最好先打孔以防劈裂，胶黏较难。气干密度 $1.00 \sim 1.20 \text{g/cm}^3$。

【木材用途】木材用于重型建筑结构、承重地板、码头、桥梁、电杆、造船等需要强度大及耐久的地方。

原木段

【中文名】楠木

【学名】*Phoebe* zhennan S. K. Lee & F. N. Wei

【科属】樟科 Lauraceae

楠木属 *Phoebe*

【木材名称】楠木

【地方名称/英文名称】楠木（通称），雅楠、光叶楠、巴楠（中国树木分类学），细叶润楠《四川野生经济植物志》，小叶楠（成都）

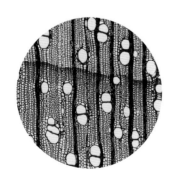

弦（或径）面纹理

【产地及分布】分布于四川、贵州西北部和湖北西部。

【木材材性】木材纹理直或略交错；光泽强；新切面有香气。木材结构细，均匀；重量及硬度中；干缩小；强度中至略低；冲击韧性中。木材干燥情况颇佳；干后尺寸稳定；性耐腐；锯、切加工容易，切面光滑，也易于旋切和刨切。板面美观，油漆后更加光亮；胶黏和涂饰性好；握钉力颇佳。气干密度 0.61g/cm³。

【木材用途】木材适用于高级家具、橱柜、木床；房屋建筑的木结构部件，如顶、地板、房架、门、窗、扶手、柱子等；其他室内装修、装饰薄木、胶合板、木雕和车工制品；内河船壳、车厢等的良材。

横切面微观图

檫木 *Sassafras tzumu*（Hemsl.）Hemsl

原木段

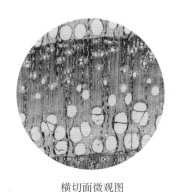

弦（或径）面纹理

横切面微观图

【中文名】檫木

【学名】*Sassafras tzumu*（Hemsl.）Hemsl
【科属】樟科 Lauraceae
　　　　檫木属 *Sassafras*
【木材名称】檫木
【地方名称／英文名称】樟树（湖南），梓树、梓木（湖南、南京、湖北、江西、广西），山檫（浙江），青檫（安徽），黄楸树（湖北），花楸树（四川）等；Chinese Sassafras

【产地及分布】分布于我国江苏、浙江、安徽、江西、湖北、湖南、福建、广东、广西、云南、四川、贵州等地。
【木材材性】木材光泽性强；有香气；纹理直；结构粗，不均匀；重量轻至中；硬度软至中；干缩小至中；强度低或低至中；冲击韧性中；握钉力中，不劈裂。木材干燥容易；耐腐，耐水湿；切削容易；切面光滑；油漆后光亮性良好；胶黏牢固。气干密度 0.53～0.58g/cm³。
【木材用途】木材适用于房屋建筑木质部件如屋顶、地板、房架、门、窗、扶手、柱子等以及家具，机模，木床，胶合板；还是优良的造船材，用于船壳、甲板和舱内装饰等。

纤皮玉蕊 *Couratari* spp.

原木段

【中文名】纤皮玉蕊

【学名】*Couratari* spp.
【科属】玉蕊科 Lecythidaceae
　　　　纤皮玉蕊属 *Couratari*
【木材名称】纤皮玉蕊
【地方名称／英文名称】Tauari，
Imbirema，Tauari-amarelo
【市场不规范名称】陶阿里、南美柚

弦（或径）面纹理

【产地及分布】分布于热带南美洲的巴西等地。
【木材材性】木材具光泽；纹理通常直；结构细，均匀；重量中，干缩中；强度中等。木材耐腐性差，不抗白蚁和蠹虫危害，易蓝变。木材锯、刨等加工容易，尤其易于旋切和刨切；胶黏性好。气干密度 0.62g/cm³。
【木材用途】木材宜作室内装修、家具、地板、胶合板、木模、玩具等。

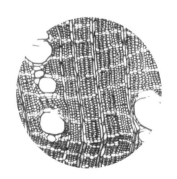

横切面微观图

香灰莉 *Fagraea fragrans Roxb.*

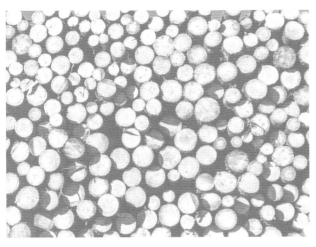

原木段（暂缺）

【中文名】香灰莉

【学名】*Fagraea fragrans* Roxb.

【科属】马钱科 Loganiaceae

灰莉属 *Fagraea*

【木材名称】重灰莉

【地方名称/英文名称】Tembusu，Tembusu padang（马来西亚），Anan（缅甸），Trai，Tatrau（柬埔寨、越南），Burma yellowheart

弦（或径）面纹理

【产地及分布】分布于中南半岛、马来半岛至印度尼西亚群岛。

【木材材性】木材光泽强；略具香气；纹理直或略交错；结构细而匀。木材重，质硬；强度高。木材锯、刨等加工容易，刨面光滑；车旋性能良好。木材干缩小，尺寸稳定性好。木材干燥慢，有端裂倾向；耐腐。气干密度 0.87g/cm³。

【木材用途】木材用作建筑承重构件（如柱子、梁、搁栅）、承重地板、桥梁和码头修建，造船、货车底板用材、家具、细木工制品、车旋制品、雕刻等。

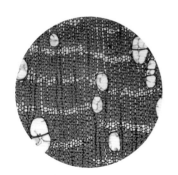

横切面微观图

原木段

【中文名】摩鹿加八宝树

【学名】*Duabanga moluccana* Blume

【科属】千屈菜科 Lythraceae
（海桑科 Sonneratiaceae）
八宝树属 *Duabanga*

【木材名称】八宝树

【地方名称/英文名称】Duabanga（巴布亚新几内亚），Binuang，Benuang，Gayawas Hutan，Kalanggo（印度尼西亚），Magasawih，Berembang bukit，Magas（马来西亚），Loktob（菲律宾），Myaukngo（缅甸），Dlom chloeu ter（柬埔寨），Phay（老挝），Lamphu-pa，Tum-ten，Lamphaen（泰国）

【产地及分布】分布于东南半岛、马来群岛至巴布亚新几内亚。

【木材材性】木材略光泽强；纹理直或略交错，结构略粗、均匀。木材轻软；强度低。木材干燥不难，易产生端裂和表面裂纹。木材不耐腐，易感染虫害和变色。木材加工不难，表面有起毛倾向；旋切和胶黏性好。钉钉容易，握钉力弱。气干密度约 0.45g/cm³。

【木材用途】木材适用于旋切单板、胶合板制造、室内装修、普通家具、包装箱盒、绝缘材料、纸浆等。

弦（或径）面纹理

横切面微观图

北美鹅掌楸 *Liriodendron tulipifera* L.

原木段

【中文名】北美鹅掌楸

【学名】*Liriodendron tulipifera* L.

【科属】木兰科 Magnoliaceae

鹅掌楸属 *Liriodendron*

【木材名称】北美鹅掌楸

【地方名称/英文名称】American Whitewood，canary wood，tulip wood，tulip poplar，yellow poplar（美国），Amerikanisches Whitewood（德国）

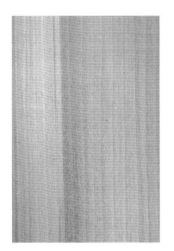

弦（或径）面纹理

【产地及分布】美国东部地区。

【木材材性】木材纹理直；结构中至细，均匀；重量轻至中，硬度中；强度低，握钉力小；不耐磨，冲击韧性中。木材干燥颇快；不耐腐，油漆后光亮性好；胶黏容易；干缩中至大；气干密度 0.56g/cm³。

【木材用途】木材用作家具、室内装修（地板除外）、装饰单板、胶合板、包装箱、镜框、相框及浆原料等。

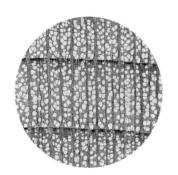

横切面微观图

巴新埃梅木 *Magnolia tsiampacca*（L.）Figlar & Noot.

原木段

弦（或径）面纹理

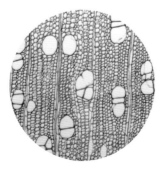

横切面微观图

【中文名】巴新埃梅木
（巴新木兰）

【学名】*Magnolia tsiampacca*（L.）Figlar
& Noot.（*Elmerrillia papuana* Dandy.）

【科属】木兰科 Magnoliaceae

木兰属 *Magndia*

（埃梅木属 *Elmerrillia*）

【木材名称】巴布亚木兰（埃梅木）

【地方名称/英文名称】Wau beech（巴布
亚新几内亚）

【市场不规范名称】金丝柚

【产地及分布】分布在巴布亚新几内亚。

【木材材性】木材光泽强；纹理直或略交错；结构细而匀。木材轻；强度低。木材锯、刨等加工容易，刨面光滑，具油性感，干缩小，尺寸稳定性好；易于钉钉，握钉力小；干燥容易，且少翘裂。气干密度 0.48g/cm³。

【木材用途】木材用作家具、仪器箱盒、装饰单板、胶合板、船壳板、车厢板、镶嵌板、隔墙板、门、窗、地板等室内装修，也可作包装箱、车工制品、绘图板、三脚架、木尺等文化用品。

木莲 *Manglietia fordiana*（Hemsl.）Oliv.

原木段

【中文名】木莲

【学名】*Manglietia fordiana*（Hemsl.）Oliv.

【科属】木兰科 Magnoliaceae

　　　　木莲属 *Manglietia*

【木材名称】木莲

【地方名称 / 英文名称】Mo-vang-tam，
Vangtam（越南）

【市场不规范名称】金丝柚

弦（或径）面纹理

【产地及分布】主产于越南及我国广东、广西、福建、江西、
云南、贵州等地。

【木材材性】木材光泽强；无特殊气味和滋味；纹理直；
结构甚细，均匀。木材轻；硬度及强度中等。木材稍耐腐，
稍抗蚁蛀。木材锯、刨等加工容易，刨面光滑；油漆后光
亮性良好，胶黏容易。气干密度 0.67～0.72g/cm³。

【木材用途】木材为优良家具用材，适宜作胶合板、包装箱，
室内装修如门窗，工艺美术用品，雕刻等，越南用来生产
铅笔杆。

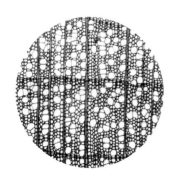

横切面微观图

梧桐 *Firmiana simplex* (L.) W. F. Wight

原木段

弦（或径）面纹理

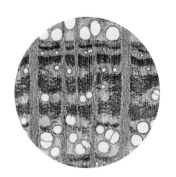

横切面微观图

【中文名】梧桐

【学名】*Firmiana simplex* (L.) W. F. Wight

【科属】梧桐科 Sterculiaceae
（锦葵科 Malvaceae）
梧桐属 *Firmiana*

【木材名称】梧桐

【地方名称/英文名称】青皮梧桐（广州），麻桐、九层皮、青皮树（广西），桐麻（四川、湖北、安徽），青桐皮（河南、陕西、甘肃、山东、安徽），耳桐（福建、湖南），翠果子、瓢儿树（四川、湖北）；Phoenix-Tree

【产地及分布】在我国分布很广，以长江和黄河流域较为普遍，南达东南沿海各省，北至河北，西南至四川、云南。现广泛栽培于长江流域、华北、华南、西南，以及欧洲和美国。日本也有分布。

【木材材性】木材有光泽；纹理直；结构粗，不均匀；重量轻至中；强度低；冲击韧性中。木材干缩小；干燥容易，少翘裂；不耐腐，边材易受菌害致蓝变、易遭小蠹虫危害，锯刨容易，但板面不易刨光；油漆后光亮性中等；容易胶黏；握钉力弱，不劈裂。气干密度约 0.53g/cm³。

【木材用途】木材适用于普通家具、包装箱、木匣,刨切薄木、装饰单板。

爪哇银叶树 *Heritiera javanica*（Bl.）Kost.

原木段

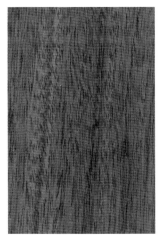

弦（或径）面纹理

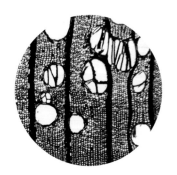

横切面微观图

【中文名】爪哇银叶树

【学名】*Heritiera javanica*（Bl.）Kost.

【科属】梧桐科 Sterculiaceae

（锦葵科 Malvaceae）

银叶树属 *Heritiera*

【木材名称】软银叶树

【地方名称/英文名称】Heritiera（巴布亚新几内亚），Mengkulang（马来西亚），Palapi，Teraling，Tarrietia（印度尼西亚），Huynh（越南），Dong chem，Sempong，Sonloc（柬埔寨），Lumbayau（菲律宾），May nhom pa（老挝），Kanzo（缅甸）

【产地及分布】分布广泛，自印度向东，经缅甸、泰国、马来群岛至巴布亚新几内亚。

【木材材性】木材光泽强；纹理直至略交错；结构中等至略细、均匀。木材重量中等，强度中等；干缩小。木材干燥容易，有翘曲和开裂倾向。木材稍耐腐。木材加工不难，但因含硅石，易钝化刀具；刨面光滑，旋切和胶黏性良好。气干密度约 $0.60 \sim 0.70 \mathrm{g/cm}^3$。

【木材用途】木材适用于建筑结构与建筑木制品、室内装修、门窗、地板、家具、胶合板以及枕木、车辆、运动器材等。

原木段

【中文名】霍氏翅苹婆

【学名】*Pterygota horsfieldii* Kosterm.

【科属】梧桐科 Sterculiaceae
（锦葵科 Malvaceae）
翅苹婆属 *Pterygota*

【木材名称】翅苹婆

【地方名称/英文名称】White tulip oak
（巴布亚新几内亚），Kasah（马来西亚），
Impa（新几内亚），Pterygota（英国）

弦（或径）面纹理

【产地及分布】分布于马来西亚、印度尼西亚、巴布亚新几内亚等。

【木材材性】木材光泽强；纹理直至略交错；结构中等，均匀。木材重量中等，强度中等；干缩中至大。木材干燥不难，有表面开裂倾向。木材稍耐腐，易蓝变。木材加工不难，锯、刨容易；油漆、着色和胶黏性良好。气干密度约 $0.55 \sim 0.63 \text{g/cm}^3$。

【木材用途】木材适用于建筑木制品、室内装修、门窗、地板、家具、旋切单板、胶合板、玩具、车旋制品、雕刻等。

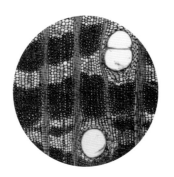

横切面微观图

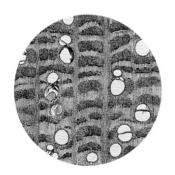

原木段

【中文名】黄苹婆

【学名】*Sterculia oblonga* Mast.

【科属】梧桐科 Sterculiaceae

（锦葵科 Malvaceae）

苹婆属 *Sterculia*

【木材名称】黄苹婆

【地方名称/英文名称】Eyong，Ekonge，Lom，Moan（喀麦隆），Azodo，Bi（科特迪瓦），Njong（加蓬），Okoko，Koko-lgbo，Ohaa（加纳），Bongele，Ebenebe，Kokoniko，Kkoko，Orodo（尼日利亚），bongo（扎伊尔），Yellow Sterculia，white Sterculia（英国、尼日利亚）

【市场不规范名称】黄鸡翅

弦（或径）面纹理

【产地及分布】分布于西非热带雨林地区，可至中非，产于加纳、尼日利亚、科特迪瓦、喀麦隆、中非、加蓬等。

【木材材性】木材光泽强；纹理直至略交错；结构中等，均匀。木材重量中或中至重；干缩大，强度高。木材略耐腐；不抗白蚁危害，易蓝变。木材锯、刨加工不难；刨切和旋切性能良好，钉钉、油漆、胶黏也佳。气干密度约 $0.69 \sim 0.78 \mathrm{g/cm}^3$。

【木材用途】木材适用于建筑木制品,室内装修、门窗、地板、家具、旋切单板、胶合板、玩具、车旋制品等。

横切面微观图

蝴蝶树 *Tarrietia utilis* Sprague

【中文名】蝴蝶树（良木银叶树）

【学名】*Tarrietia utilis* Sprague

【科属】梧桐科 Sterculiaceae
（锦葵科 Malvaceae）
蝴蝶树属 *Tarrietia*
（银叶树属 *Heritiera*）

【木材名称】蝴蝶树（软银叶树）

【地方名称/英文名称】Niangon，Kekosi，Kouanda，Yangon（科特迪瓦），Nyankom，Attabini（加纳），Ogoue，Engongkom（加蓬），Yawi（利比里亚），Nyanwen，Wishmore，Angi（德国、英国）

梧桐科 Sterculiaceae

原木段

弦（或径）面纹理

【产地及分布】分布于西非热带雨林地区，塞拉利昂、利比里亚、科特迪瓦、加纳、加蓬、喀麦隆等国。

【木材材性】木材具光泽；纹理直或交错；结构中等至略细、均匀。因具较宽射线，径面具银光花纹，颇具装饰性。木材重量中等至略重，强度中等；干缩小。木材干燥容易，有翘曲或变形倾向。木材稍耐腐。木材加工不难，刨面光滑；因木材具油性感，上漆和胶黏不易。气干密度约 $0.60\sim0.75\text{g/cm}^3$。

【木材用途】木材适用于建筑结构与建筑木制品、室内装修、门窗、地板、家具、装饰单板、刨切薄木、胶合板、玩具、装饰细木工制品等。

横切面微观图

白梧桐 *Triplochiton scleroxylon* K. Schum.

原木段

【中文名】白梧桐

【学名】*Triplochiton scleroxylon* K. Schum.

【科属】梧桐科 Sterculiaceae

（锦葵科 Malvaceae）

白梧桐属 *Triplochiton*

【木材名称】白梧桐

【地方名称 / 英文名称】Ayous（喀麦隆、加纳、扎伊尔、刚果、法国），Wawa（加纳、利比里亚、英国），Ayus（赤道几内亚），Obeche（尼日利亚、比利时），Samba（科特迪瓦、法国），Abachi（德国）

【市场不规范名称】白木

弦（或径）面纹理

【产地及分布】分布于西非热带雨林地区，产科特迪瓦、加纳、加蓬、喀麦隆、尼日利亚、利比里亚、几内亚等地。

【木材材性】木材光泽强；纹理直或交错；结构细，均匀。木材重量轻，强度低；干缩小。木材不耐腐；易受虫害，易蓝变。木材锯、刨加工容易，切面光滑；易于刨切和旋切；胶合、油漆、着色性能良好。气干密度约 $0.33 \sim 0.48 \mathrm{g/cm}^3$。

【木材用途】木材适用于装饰单板、染色薄木、家具、细木工、胶合板、乐器、玩具、乒乓球拍、造船、车辆等。

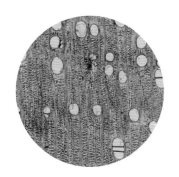

横切面微观图

大花米兰 *Aglaia spectabilis*（Miq.）S.S.Jain & S.Bennet

原木段

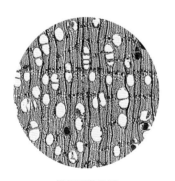

弦（或径）面纹理

【中文名】大花米兰

【学名】*Aglaia spectabilis*（Miq.）S.S.Jain & S.Bennet（*Aglaia gigantea*）

【科属】棟科 Meliaceae
　　　　米仔兰属 *Aglaia*

【木材名称】大花米兰（米兰）

【地方名称/英文名称】Goi tia（越南），Beng kheou，Chomnay poveang（柬埔寨），Amoora，Aglaia，Bekak，Goji nui Parak，Langsat（印度尼西亚），Bekak，Pasak，Segera，Pak（马来西亚），Makaasim，Katong（菲律宾），Thanatka-wa（缅甸），Tasua，Sangkhriat（泰国）

【市场不规范名称】米仔兰

【产地及分布】产柬埔寨、缅甸、越南、印度尼西亚等地。

【木材材性】木材具光泽；无特殊气味和滋味；纹理交错；结构细，均匀。木材重量中等；强度中。木材耐腐；心材防腐处理比较困难。锯、刨等加工性能良好；油漆、胶黏性能亦佳。气干密度 0.66g/cm³。

【木材用途】木材宜用作细木工、家具、造船、车辆、房屋建筑（如门窗）及其他室内装修，还可用制造单板、胶合板，越南用来制造枪托。

横切面微观图

原木段

【中文名】香洋椿

【学名】*Cedrela odorata* L.

【科属】棟科 Meliaceae

　　　　洋椿属 *Cedrela*

【木材名称】洋椿

【地方名称 / 英文名称】Spanish Cedar，Central American cedar，Honduras cedar，Nicaragua cedar，Tabasco cedar（英国、美国），Cedar（牙买加），Calicedro（墨西哥），Cedro amargo（委内瑞拉），Cedro，Cedrela，Cedro colorado，Cedro real.

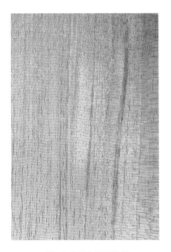

弦（或径）面纹理

【产地及分布】原产于墨西哥至巴西南部的中南美洲和加勒比海地区。

【木材材性】木材具光泽；纹理交错；结构细而匀。木材重量轻；强度小至中；干缩小。木材干燥容易。木材耐腐性好，能抗白蚁。木材加工容易，旋切和刨切性优，切面光滑。胶黏和涂饰性好。气干密度 $0.43 \sim 0.57 \mathrm{g/cm}^3$。

【木材用途】木材可用于家具、镶嵌细木工、装饰单板、乐器、仪器箱盒、木桶、玩具、木模等，尤其为世界著名雪茄烟盒用材。

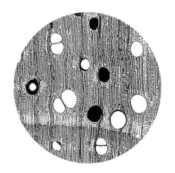

横切面微观图

樫木 *Dysoxylum* spp.

原木段

【中文名】樫木

【学名】*Dysoxylum* spp.

【科属】棟科 Meliaceae

　　　　樫木属 *Dysoxylum*

【木材名称】樫木

【地方名称／英文名称】Miau（菲律宾），Dysox，Bunya（巴布亚新几内亚），Taloesa losesa，Wande-poete（印度尼西亚）

弦（或径）面纹理

【产地及分布】产于菲律宾群岛至大洋洲岛屿。

【木材材性】木材具光泽；无特殊气味与滋味；纹理交错；结构细而匀。木材重量中至重；干缩小；强度中。木材干燥慢，最好制成径锯板以防开裂和变形。木材耐腐；能抗白蚁和海生钻木动物危害；心材防腐处理较难。气干密度 $0.54 \sim 0.80 \text{g/cm}^3$。

【木材用途】木材可用于重型建筑、重载地板、矿柱、坑木、电杆、造船、车辆、农业机械、雕刻及车旋材等。如果采用精加工可生产高级家具。

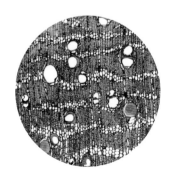

横切面微观图

安哥拉非洲楝 *Entandrophragma angolense* C. DC.

原木段

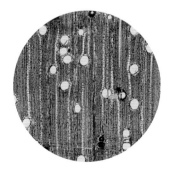

弦（或径）面纹理

【中文名】安哥拉非洲楝

【学名】*Entandrophragma angolense* C. DC.

【科属】楝科 Meliaceae

非洲楝属 *Entandrophragma*

【木材名称】非洲楝

【地方名称 / 英文名称】Koupri，Lokoa popo（科特迪瓦），Livuite，Acuminata（安哥拉），Timbi（喀麦隆），Abeubegne（加蓬），Ipaki，Longo，Mukumi，Kiluka（刚果），Mukuso，Muyovou（乌干达），Kalungi，Lifaki（扎伊尔），Gedu nohor，Gedu lohor（英国、尼日利亚），Edinam（德国、加纳），Tiama（法国）

【市场不规范名称】假沙比利

【产地及分布】分布较广，自于西非、中非至东非的热带雨林地区。

【木材材性】木材具光泽；无特殊气味和滋味，新材具异味。纹理交错；结构中；重量强度中等；干缩小。木材加工容易；旋切、握钉、胶黏性能良好；耐腐性中等；干燥快，有轻微易翘曲、变形。气干密度 0.56～0.63g/cm³。

【木材用途】木材适用于旋切单板、胶合板、细木工、家具、家用地板、门窗、橱柜、装饰贴面板等。

横切面微观图

原木段

【中文名】大非洲楝

【学名】 *Entandrophragma* candollei Harms

【科属】 楝科 Meliaceae

非洲楝属 *Entandrophragma*

【木材名称】 大非洲楝

【地方名称 / 英文名称】 kossipo（荷兰），Heavy sapele，Omu（英国、尼日利亚），Boubousson rouge，Vroudi（科特迪瓦），Lifaki（扎伊尔），Penkwa（加纳），Lifuko（安哥拉），Atom-assie，klatie（喀麦隆），Mpempe（刚果），Assore，Ikwapobo（尼日利亚），Penkwa（加纳）

【市场不规范名称】 假沙比利、重沙比利

弦（或径）面纹理

【产地及分布】 主要分布于西非地区的赤道几内亚、加蓬、刚果、刚果（金）、安哥拉等地。

【木材材性】 木材具光泽，纹理交错；结构中；重量强度中等；干缩较大；加工容易；旋切、握钉、胶黏性能良好；钉钉、油漆和抛光性良好。气干密度 $0.63 \sim 0.69 \text{g/cm}^3$。

【木材用途】 木材适用于装饰单板、胶合板、家具、橱柜、室内装修、家用地板、门窗、细木工、装饰贴面板等。

横切面微观图

筒状非洲楝 *Entandrophragma cylindricum* Spraque

原木段

弦（或径）面纹理

横切面微观图

【中文名】筒状非洲楝

【学名】*Entandrophragma cylindricum* Spraque

【科属】楝科 Meliaceae

非洲楝属 *Entandrophragma*

【木材名称】筒状非洲楝

【地方名称／英文名称】Sapelli（德国、法国、比利时），Sapeli Mahonie（荷兰），Sapele，Sapele mahagany（英国、尼日利亚），Aboudikro，Abitigbro，Bibitu，Boubousson，Pan（科特迪瓦），Penkwa（加纳），Assie（喀麦隆），Agiekpogo，Ubilesan，Ukwekan（尼日利亚），lifuti，livuite（安哥拉），Lifaki，Libuyu，Bobwe（扎伊尔），Lifaki（乌干达），Lifaki，Libuyu，Bobwe，m'boyo（中非）

【市场不规范名称】沙比利

【产地及分布】分布于非洲热带地区，较广，自西非的科特迪瓦、加纳和尼日利亚、喀麦隆，至东非的乌干达和坦桑尼亚。

【木材材性】木材纹理交错，结构中至略细；在径切面上呈现美丽的纹理，装饰性强。木材重量中，耐腐性颇好，能抗白蚁危害。木材加工容易，胶合、钉钉、油漆、砂光、着色性能均好。气干密度约 0.67g/cm³。

【木材用途】木材适用于旋切单板、胶合板、细木工、家具、家用地板、门窗、橱柜、装饰贴面板等。

良木非洲楝 *Entandrophragma utile* Spraque

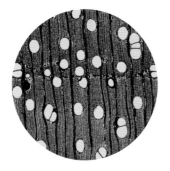
原木段

弦（或径）面纹理

横切面微观图

【中文名】良木非洲楝

【学名】*Entandrophragma utile* Spraque
【科属】楝科 Meliaceae
　　　　非洲楝属 *Entandrophragma*
【木材名称】良木非洲楝
【地方名称/英文名称】Utile（英国、加纳、尼日利亚），Sipo（科特迪瓦、法国），Sipo Mahogany（德国），Timbi，Assangassie（喀麦隆），Assi，Ombolobolo，Mouragalamando，Kos-kosi（加蓬），Muyoyu（乌干达），Timbi，Kalungi，Tshimai rouge（扎伊尔），Bada，Mebrou，Zuiri（科特迪瓦），akuk，Ogipogo，Ubilesan（尼日利亚），Efou-konkonti（加纳），Momboyo（刚果）Njeli（利比里亚）
【市场不规范名称】假沙比利

【产地及分布】分布较广，自西非的科特迪瓦、喀麦隆、利比里亚、加蓬至东非的乌干达等地。

【木材材性】木材具光泽；纹理交错；结构细、均匀；重量强度中等；干缩中等。木材加工容易；旋切、握钉、胶黏性能良好；钉钉、油漆和抛光性良好。气干密度 $0.60 \sim 0.70 \text{g/cm}^3$。

【木材用途】木材适用于装饰薄木、胶合板、家具、橱柜、室内装修、家用地板、门窗、细木工、乐器、雕刻、船舶和车厢内部装修、装饰贴面板等。

白驼峰楝 *Guarea cedrata* Pellegr.

原木段

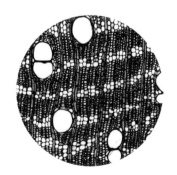

弦（或径）面纹理

【中文名】白驼峰楝

【学名】*Guarea cedrata* Pellegr.

【科属】楝科 Meliaceae

驼峰楝属 *Guarea*

【木材名称】驼峰楝

【地方名称 / 英文名称】Bosse（法国、科特迪瓦），Scented guarea，White guarea（英国、尼日利亚），Bosasa，Lisasa，Dumbala（扎伊尔），Akuraten，Obobonufua（尼日利亚），Timbi，Ebangbembra，Obobo（喀麦隆），Divuiti（加蓬），Bossi，Kwabohoro（加纳），Krasse，Ibotou，Anakue，Krassain，M'bossa（科特迪瓦）

【市场不规范名称】假沙比利

【产地及分布】分布较广，自西非的科特迪瓦、喀麦隆、利比里亚、加蓬至东非的乌干达等地均有分布。

【木材材性】木材具光泽；纹理直或略交错；结构细、均匀；重量强度中等；干缩小。木材加工容易；旋切、握钉、胶黏性能良好；钉钉、油漆、染色和砂光性良好。气干密度约 $0.58 \sim 0.62 \text{g/cm}^3$。

【木材用途】木材适用于房屋建筑、室内装修、装饰薄木、家具、细木工、胶合板、家用地板、门窗、雕刻与车旋制品、船舶和车厢内部装修、玩具等。

红卡雅楝 *Khaya ivorensis* A. Chev.

原木段

弦（或径）面纹理

【中文名】红卡雅楝

【树种】*Khaya ivorensis* A. Chev.

【科属】楝科 Meliaceae

卡雅楝属 *Khaya*

【木材名称】卡雅楝

【地方名称/英文名称】Lagos wood, Ogwango，Lagos mahagoni，Benin mahagoni（尼日利亚），Ngollo（喀麦隆），Kap Lopez mahagoni（加蓬），Bassam mahagoni（科特迪瓦），Dubini mahagony，Axim mahagony Accra mahagony，Tacoradi mahagon（加纳），Undianunu（安哥拉），African Mahogany（英国），Afrikanisches Mahagoni，Khaya（德国），Acajou d'Afrique（法国），Douala mahonie（荷兰）

【市场不规范名称】非洲桃花芯木

【产地及分布】主要分布于西非热带雨林，如科特迪瓦、喀麦隆、加蓬、加纳、尼日利亚等地。

【木材材性】木材具光泽；纹理直或交错；结构中至略细，均匀；木材轻至中，强度中等。木材干缩中等；加工容易，刨切性能良好，握钉力中等，胶合、涂饰性好。木材干燥容易。木材耐腐性中等，原木易为小蠹虫和粉蠹虫危害。气干密度 0.51～0.57g/cm³。

【木材用途】木材适用于做高级家具的装饰单板、车船车厢高级装饰面板、门窗、家具、胶合板、乐器、车旋制品。

横切面微观图

塞内加尔卡雅楝 *Khaya senegalensis* A. Juss.

原木段

弦（或径）面纹理

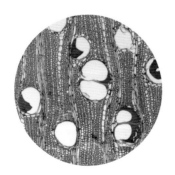

横切面微观图

【中文名】塞内加尔卡雅楝

【学名】*Khaya senegalensis* A. Juss.

【科属】楝科 Meliaceae

卡雅楝属 *Khaya*

【木材名称】卡雅楝（重卡雅楝）

【地方名称/英文名称】Bissilom（几内亚），Kuga（加纳），Cail cedrat（塞内加尔、贝宁），Krala，Ira，Acajou（科特迪瓦），Guinea Mahogany（英国）

【市场不规范名称】非洲桃花芯木

【产地及分布】主要分布于西非至东非的稀疏或草原林中，产于塞内加尔、几内亚、科特迪瓦、加纳、贝宁、刚果（金）、苏丹、乌干达等地。

【木材材性】木材具光泽；心材红褐至深红褐色，纹理通常交错；结构细，均匀；木材重量中至重，强度中至高。木材干缩中等；加工容易，锯、刨切性能良好，握钉力强，胶合、涂饰性好。木材干燥容易。木材较耐腐，能抗白蚁。气干密度约 0.70~0.88g/cm³。

【木材用途】木材适用于做高级家具的装饰单板、车船车厢高级装饰面板、门窗、家具、胶合板、乐器、车旋制品。

毛洛沃楝 *Lovoa trichilioides* Harms

原木段

弦（或径）面纹理

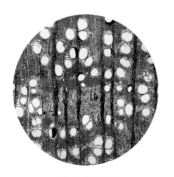

横切面微观图

【中文名】毛洛沃楝

【学名】*Lovoa trichilioides* Harms

【科属】楝科 Meliaceae

虎斑楝属 *Lovoa*

【木材名称】虎斑楝

【地方名称 / 英文名称】Dibetou（加蓬、科特迪瓦、法国），Bibolo，Alop（喀麦隆），Embero，Nivero（赤道几内亚、利比里亚），Dubini-biri，Mpengwa（加纳），Abanif，Koudra，Lakoa，Moutchibanaie，Ti-kossou（科特迪瓦），Bombolu，Lifaki（扎伊尔），Eyan，Dominguila（加蓬），Apopo，Sida（尼日利亚），Afrikanisch nussbaum（德国），Noyer d'Afrique（法国），African Walnut（英国）

【市场不规范名称】非洲核桃木

【产地及分布】分布于科特迪瓦、加蓬、法国、喀麦隆、赤道几内亚、利比里亚、加纳、尼日利亚、塞拉里昂等地。

【木材材性】木材光强；纹理交错；结构细，均匀。木材重量中等，强度中等；较耐腐性中等。木材加工容易，锯、刨切性能良好，砂光后表面漂亮，装饰性好。气干密度 $0.52 \sim 0.64 g/cm^3$。

【木材用途】木材材面美丽，宜作高级家具、刨切薄板、装饰单板、地板、橱柜、车工制品、体育用品等。是黑胡桃木的替代品。

苦楝 *Melia azedarach* L.

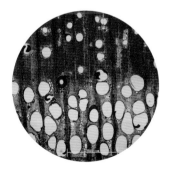
原木段

弦（或径）面纹理

横切面微观图

【中文名】苦楝

【学名】 *Melia azedarach* L.

【科属】 楝科 Meliaceae

楝属 *Melia*

【木材名称】 楝木

【地方名称 / 英文名称】 楝枣子、苦楝根、楝果子（江苏），翠树、紫花树（山西、江苏、浙江），森树（山西、广东），楝子树（山西、安徽），楝树（河南、江苏、安徽、山东、贵州、甘肃）等；China-Berry

【产地及分布】 产于我国黄河以南，较常见；广布于亚洲热带和亚热带地区，温带地区也有栽培。

【木材材性】 木材有光泽；纹理直或斜；结构中至粗，不均匀；重量轻或轻至中；硬度软或中；干缩小；强度低或低至中；冲击韧性中；干燥不难，不易开裂和翘曲；心材稍耐腐、抗蚁性弱，边材有蓝变色和腐朽；切削容易，切面颇光滑；油漆后光亮性良好；胶黏容易；握钉力中等；不劈裂。气干密度 $0.46 \sim 0.54 \mathrm{g/cm^3}$。

【木材用途】 木材适用于家具、橱柜、各类箱盒；建筑木制品，如房架、门窗和室内装修（地板除外）；胶合板、包装箱、农具等。

桃花心木 *Swietenia mahagoni*（L.）Jacq.

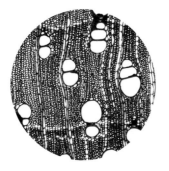

原木段

弦（或径）面纹理

横切面微观图

【中文名】桃花心木

【学名】*Swietenia mahagoni*（L.）Jacq.

【科属】棘科 Meliaceae

桃花心木属 *Swietenia*

【木材名称】桃花心木

【地方名称 / 英文名称】Aguano（巴拿马、秘鲁、巴西），Orura（委内瑞拉），Zopilote（墨西哥），Sapoton（苏里南），Yulu（尼加拉瓜），Crura（玻利维亚），American mahogani，baywood（英国），Acajou d'Amerique（法国），Amerikanisches Mahagoni，echtes Mahagoni，Honduras Mahagoni，Nicaragua Mahagoni（德国），Cuban Mahogany，West Indies Mahogany

【产地及分布】原产于西印度群岛、南佛罗里达等地，现引种到世界上各热带地区。

【木材材性】木材光泽强，木材纹理直或斜或交错；结构中至细，均匀。木材重量中等；干缩甚小；强度低。木材干燥快，干燥性能良好；耐腐。木材锯、刨等加工容易，刨面光亮；胶黏性能良好；涂饰能亦佳。气干密度约 0.60g/cm³。

【木材用途】木材适宜作家具、橱柜、室内装修、装饰单板、车旋制品、镶嵌板、乐器、木模、车工、雕刻、车船内装饰等。为世界上最好的细木工材料之一，不宜作建筑结构材。

红椿 *Toona* Ciliata Roem

【中文名】红椿

【学名】*Toona* Ciliata Roem

【科属】棟科 Meliaceae

香椿属 *Toona*

【木材名称】红椿

【地方名称 / 英文名称】Red cedar（英国、巴布亚新几内亚），Chomcha（柬埔寨）Yom-hom（泰国）Surian，Surian sabrang，Surian biasa，Mapala，Koemea（印度），Kalantas（菲律宾），Australian Red Cedar，Toona

原木段

弦（或径）面纹理

【产地及分布】分布自印度至马来西亚，爪哇向东至太平洋岛屿及澳大利亚东部。我国广东、广西、云南、海南普遍生长。

【木材材性】木材有光泽；具芳香气味；无特殊滋味；纹理直；结构中至粗，略均匀。木材甚轻；干缩小；强度很低。木材干燥稍慢；不耐腐；蒸煮后弯曲性能好。木材锯、刨等加工容易，刨面光滑，钉钉容易，握钉力中等，不劈裂；胶黏、油漆性能良好。气干密度约 $0.35 \sim 0.50 \mathrm{g/cm^3}$。

【木材用途】木材适宜做家具、细木工、室内装修、装饰单板、胶合板、木模、乐器、雕刻等。

横切面微观图

棟科 Meliaceae

181

香椿 *Toona sinensis*（Juss.）Roem.

原木段

【中文名】 香椿

【学名】 *Toona sinensis*（Juss.）M. Roem.

【科属】 棟科 Meliaceae

香椿属 *Toona*

【木材名称】 香椿

【市场不规范名称】 中国桃花心木

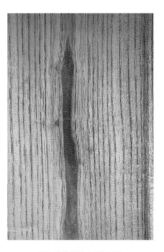

弦（或径）面纹理

【产地及分布】 产于我国华北、华东、中部、南部和西南地区。

【木材材性】 木材有光泽；具芳香气味；无特殊滋味；纹理直；结构中至粗，略均匀。木材重量轻至中，干缩小，强度及冲击韧性中。木材干燥容易，尺寸稳定、耐腐性好，能抗蚁蛀。木材锯、刨等机械加工容易，刨面光滑，油漆、胶黏和涂饰性好。木材钉钉容易，握钉力弱。气干密度约 $0.52 \sim 0.59\text{g/cm}^3$。

【木材用途】 木材适宜做家具、建筑门窗、室内装修、细木工、装饰单板、胶合板、木模、乐器、雕刻等。

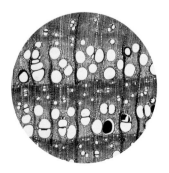

横切面微观图

相思树 *Acacia confusa* Merr.

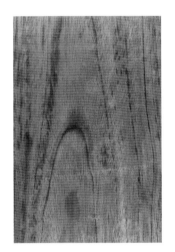

原木段

【中文名】相思树

【学名】*Acacia confusa* Merr.

【科属】含羞草科 Mimosaceae
金合欢属 *Acacia*

【木材名称】相思木

【地方名称／英文名称】台湾相思（广东），相思仔（台湾、福建），番仔松柏、番松柏、番子树（福建），海红豆、相思；Rich Acacia

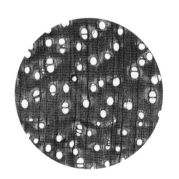

弦（或径）面纹理

【产地及分布】原产于菲律宾群岛，我国台湾、福建、广西、广东及海南岛等地广泛栽培。

【木材材性】木材有光泽；纹理交错；结构细而匀；重量重；甚硬；干缩中至大；强度中至高，冲击韧性高，握钉力强。木材干燥缓慢；耐腐；锯解不易，切削面颇光滑；油漆后光亮性颇佳；胶黏亦易；握钉力强。气干密度 $0.83 \sim 0.88 \text{g/cm}^3$。

【木材用途】木材适用于做桩、柱、枕木；多用作工农具柄、扁担、犁、板车各部件，造船，车梁、帐篷架，手杖等；并用于家具、酒桶、车工、木雕、造纸等方面。

横切面微观图

雨树 *Albizia saman*（Jacq.）Merr.

原木段

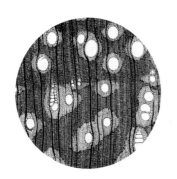

弦（或径）面纹理

【中文名】雨树

【学名】*Albizia saman*（Jacq.）Merr.
（*Samanea saman*）

【科属】含羞草科 Mimosaceae
合欢属 *Albizia*

【木材名称】雨树

【地方名称/英文名称】Carabali（圭亚那），Kampoo（泰国），Monkepod tree（菲律宾），Kihudjau，Trembesi（印度尼西亚），Cow-tamarind，Monkey Pod（美国），Saman，Rain tree（英语贸易名），Arbre à pluie（法国）

【市场不规范名称】南美黑胡桃、琥珀木

【产地及分布】原产于中美洲至南美洲，现已已被广泛引种于世界其他热带地区。我国广东、福建也有栽培。

【木材材性】木材金色至暗褐色，常具色条纹，装饰性强。纹理直或交错或扭曲，结构略细，均匀，重量轻、强度低；干缩不大。木材耐久性颇好，抗虫蛀。木材加工容易，有时交错纹理会导致刨面局部粗糙和断裂；胶黏和涂饰性均好。气干密度 $0.45 \sim 0.60 \text{g/cm}^3$。

【木材用途】木材适用于制作家具、橱柜、镶板、胶合板、装饰薄木、雕刻、细木工、家具、乐器（吉他和夏威夷尤克里里琴）以及其他小型木制工艺品。

横切面微观图

硬合欢 *Albizia* spp.

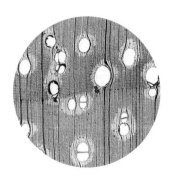

原木段

弦（或径）面纹理

【中文名】硬合欢

【学名】*Albizia* spp.

【科属】含羞草科 Mimosaceae
　　　　合欢属 *Albizia*

【木材名称】硬合欢

【地方名称/英文名称】Ki hiyang，Wangkal，Weru（印度尼西亚），；Tall albizia（英国），Akleng parang（菲律宾），Kokko-sit，Sitpen（缅甸），Suan，Thing thon（泰国），Muong xanh（越南），oriang（马来西亚），Tramkang（柬埔寨），Karangro，Karak，Baro，Dunsiris，Gurar（印度），Brown albizia（巴布亚新几内亚），Rain siris（澳大利亚）

【产地及分布】广泛分布于南亚的印度、斯里兰卡至中南半岛的越南、柬埔寨泰国、缅甸、印度尼西亚、马来西亚和太平洋岛屿。

【木材材性】木材纹理略交错；结构中等，均匀。木材暗褐色或栗褐色或核桃褐色；干缩中，干后尺寸稳定。木材强度中，耐腐蚀性中等。气干密度 0.58～0.82g/cm³。

【木材用途】木材宜作装饰性家具、造船细木工用材、地板等。

横切面微观图

原木段

【中文名】大果阿那豆

【学名】*Anadenanthera colubrina*（Vell.）Brenan（*Anadenanthera macrocarpa*）

【科属】含羞草科 Mimosaceae
　　　　阿那豆属 *Anadenanthera*

【木材名称】阿那豆

【地方名称／英文名称】Angico-preto，Angico，Angico-preto-rajado，Angico-rajado，Guarapiraca（巴西），Cebil colorado，Cebil moro，Cebil（阿根廷），Curupay-ata（巴拉圭）

【市场不规范名称】黑金檀、黑胡桃

弦（或径）面纹理

【产地及分布】在阿根廷分布广，而在巴西和巴拉圭分布于亚热带和干旱林中。

【木材材性】木材具黑色带状条纹，纹理不规则和交错；结构细，均匀。木材重量甚重；干缩大至甚大；强度高。木材干燥慢，几乎无翘曲发生；但窑干有面裂和劈裂倾向。木材耐腐性强。木材加工困难，工具易钝。气干密度约 1.03g/cm³。

【木材用途】木材可用于重型建筑、海港码头、地板、枕木、矿柱、工具柄、车旋制品、家具。

横切面微观图

加蓬圆盘豆 *Cylicodiscus gabunensis* Harms.

原木段

【中文名】加蓬圆盘豆

【学名】*Cylicodiscus gabunensis* Harms.

【科属】含羞草科 Mimosaceae

圆盘豆属 *Cylicodiscus*

【木材名称】圆盘豆

【地方名称 / 英文名称】Adoum，Bokoka（喀麦隆），Denya，Benya，Adadua，Eyee（加纳），Edum，Oduma（加蓬），Okan（尼日利亚），African greenheart（喀麦隆、英国）

弦（或径）面纹理

【产地及分布】分布从塞拉利昂、喀麦隆到加蓬、刚果等热带雨林地区普遍生长，在尼日利亚、加纳等特别丰富。

【木材材性】木材具光泽；纹理交错；结构细而均。木材甚重；干缩甚大；强度高。木材干燥慢；很耐腐；抗蚁蛀和抗海生钻木动物危害；边材易被小蠹虫危害。木材具很好的耐候性；耐磨。锯、刨等加工困难，因纹理交错不易刨光。车旋、胶黏等性能良好。气干密度 $0.80 \sim 1.10 \mathrm{g/cm^3}$。

【木材用途】木材可用于码头用桩、柱，桥梁，电杆，枕木，矿柱，重载地板，造船，车辆，农业机械，雕刻，车工制品，机械垫木等。由于有大径级原木，也用于制作大面工作台。

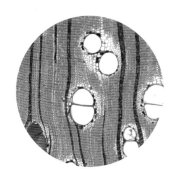

横切面微观图

环果象耳豆 *Enterolobium cyclocarpum*（Jacq.）Griseb.

原木段

【中文名】环果象耳豆

【学名】*Enterolobium cyclocarpum*（Jacq.）Griseb.

【科属】含羞草科 Mimosaceae
象耳豆属 *Enterolobium*

【木材名称】象耳豆

【地方名称／英文名称】Tamboril，Timbuva，Orelha de negro（巴西），Timbo（阿根廷），Guanacaste，Parota

弦（或径）面纹理

【产地及分布】分布于中美洲及西印度群岛和南美洲北部。

【木材材性】木材纹理交错，结构中至细、略均匀。木材重量轻；干缩小；强度中等。木材干燥容易，速度快；几乎无开裂和变形。木材耐腐性差；不抗白蚁和干木害虫危害。木材锯、刨等加工容易，切面光滑；胶黏性能好；握钉力佳；精加工好；作单板旋切、刨切均可。气干密度约 0.44～0.60g/cm³。

【木材用途】木材可用于家具、室内装修、围墙、木模型、造船、包装箱、板条箱、食品包装等。

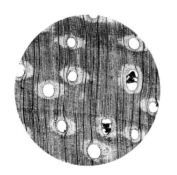

横切面微观图

南洋楹 *Falcataria moluccana*（Miq.）Barneby & J.W.Grimes

原木段

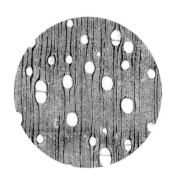

弦（或径）面纹理

【中文名】南洋楹

【学名】*Falcataria moluccana*（Miq.）Barneby & J.W.Grimes（*Albizia falcataria*）

【科属】含羞草科 Mimosaceae
南洋楹属 *Falcataria*
（合欢属 *Albizia*）

【木材名称】楹木

【地方名称/英文名称】Batai，Jeungjing，Sengon laut，Sika（印度尼西亚），Kayu machis（马来西亚），Moluccan sau，falcata（菲律宾），White albizia（巴布亚新几内亚），Moluccan albizia（英国）

【市场不规范名称】白合欢

【产地及分布】原产于印度尼西亚马鲁古群岛、马来西亚地区，东南亚、大洋洲、非洲热带地区广为引种。我国广东、福建、广西均有栽培。

【木材材性】木材具光泽；纹理直或交错；结构中，均匀。木材轻；干缩小；强度甚低至低。木材干燥快，无缺陷。不耐腐。木材锯、刨等加工容易；刨面光滑；握钉力弱；胶黏性能良好。气干密度 0.30～0.50g/cm³。

【木材用途】木材可用于室内装修、胶合板、包装箱、火柴杆、火柴盒、玩具、车工、碎料板、造纸等。

横切面微观图

原木段

【中文名】腺瘤豆

【学名】*Piptadenia africanum* Brenan.

【科属】含羞草科 Mimosaceae

　　　腺瘤豆属 *Piptadeniastrum*

【木材名称】腺瘤豆

【地方名称/英文名称】Dabema, Dahoma（贸易名），Mbele，Mbeli，Guli（利比里亚），Dabema（科特迪瓦），Dahoma（加纳），Ekhimi，Agboin（尼日利亚），Atui（喀麦隆），Tom（赤道几内亚），Bokungu，Likundu（扎伊尔）

弦（或径）面纹理

【产地及分布】分布于科特迪瓦、加纳、塞拉利昂、利比里亚、尼日利亚、喀麦隆、刚果、加蓬、扎伊尔、乌干达、中非共和国及莫桑比克等。

【木材材性】木材光泽强；纹理交错；结构中至略粗，均匀。木材重量中等；干缩中；强度中。木材干燥不难；耐腐性能中等。木材锯、刨等加工不难，切面光滑；刨切性能良好；胶黏性能中等；钉钉容易；砂光性能好。气干密度 $0.60 \sim 0.74 \mathrm{g/cm^3}$。

【木材用途】木材可用于房屋建筑，室内装修如门窗、地板、单板，胶合板，家具等。

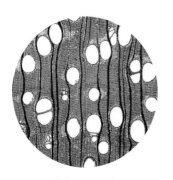

横切面微观图

木荚豆 *Xylia xylocarpa*（Roxb.）Taub.

原木段

【中文名】木荚豆

【学名】*Xylia xylocarpa*（Roxb.）Taub.
【科属】含羞草科 Mimosaceae
　　　　木荚豆属 *Xylia*
【木材名称】木荚豆
【地方名称/英文名称】Pyinkado（缅甸），Irul（印度尼西亚），Camxe（柬埔寨、泰国、越南），Sokram（柬埔寨），Deng（泰国）
【市场不规范名称】金车花梨

弦（或径）面纹理

【产地及分布】分布于缅甸、柬埔寨、泰国、老挝和印度等地。
【木材材性】木材具光泽；纹理不规则至交错；结构细，均匀。木材甚重；质很硬；强度甚高。木材干燥相当困难；很耐腐；心材能抗白蚁和水生钻木动物危害。木材加工困难；胶黏和握钉均困难。气干密度 $1.05\sim1.23\text{g/cm}^3$。
【木材用途】木材适用于重型结构、桥梁、重载地板、枕木、矿柱、车辆、桅杆、弯曲部件、农用机械等。

横切面微观图

箭毒木 *Antiaris toxicaria* Lesch.

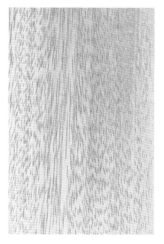

原木段

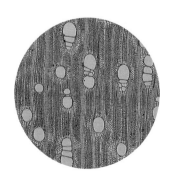

弦（或径）面纹理

【中文名】箭毒木

【学名】*Antiaris toxicaria* Lesch.

【科属】桑科 Moraceae
　　　　毒箭木属 *Antiaris*

【木材名称】箭毒木

【地方名称／英文名称】Ako（科特迪瓦、贝宁、塞内加尔），Akede（科特迪瓦），Bonkonko（扎伊尔），Chenchen（加纳），Mongodou，False oro（尼日利亚），Vawi，Diolosso（喀麦隆），Ipoh，Upas（印度尼西亚、马来西亚），Antiaris（英国）

【市场不规范名称】毒果木、见血封喉

【产地及分布】广泛分布于非洲和亚洲热带地区。

【木材材性】木材光泽强；纹理斜或交错；结构细而均匀。木材轻；干缩大；强度低至中。木材不耐腐；易受小蠹虫和粉蠹虫危害。木材干燥容易、加工容易，胶合性能良好，油漆装饰性中等，握钉力差。木材无特殊气味和滋味；纹理直；结构甚细，均匀。木材轻；硬度及强度中等。木材稍耐腐，稍抗蚁蛀。木材锯、刨等加工容易，刨面光滑；油漆后光亮性良好，胶黏容易。木材树液有毒。气干密度 $0.40 \sim 0.50 \mathrm{g/cm}^3$。

【木材用途】木材适用于家具、单板、胶合板、包装箱、造纸、室内装修及细木工用材等。

横切面微观图

桂木 *Artocarpus* spp.

原木段

【中文名】桂木

【学名】*Artocarpus* spp.

【科属】桑科 Moraceae

波罗蜜属 *Artocarpus*

【木材名称】桂木

【地方名称 / 英文名称】Terap（贸易名），Terap-togop，Pudau，Nangka，Kian，Gayah Beranak（马来西亚），Bakil，Danging，Pekalong，Talin，Teureup，Toewap（印度尼西亚），Antipolo（菲律宾）；Ka-ok（泰国），Brotfruchtbaum（德国）；breadfruit tree（英国）

【市场不规范名称】木波罗、面包树

【产地及分布】分布于泰国、马来西亚、菲律宾、印度尼西亚等地。

【木材材性】木材具光泽；纹理直；结构中至略粗，均匀；木材轻；干缩小；强度很低。木材干燥稍快；不耐腐；不能抵抗白蚁和海生钻木动物危害；锯、刨等加工容易；胶黏性好。气干密度 0.40～0.50g/cm³。

【木材用途】木材宜用作家具、细木工、室内装修、单板、胶合板、箱盒等。

弦（或径）面纹理

横切面微观图

波罗蜜 *Artocarpus* spp.

原木段

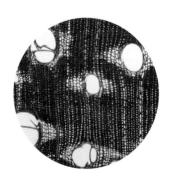

弦（或径）面纹理

【中文名】波罗蜜

【学名】*Artocarpus* spp.

【科属】桑科 Moraceae

波罗蜜属 *Artocarpus*

【木材名称】波罗蜜

【地方名称/英文名称】Keledang（贸易名），Selangking，Beruni（马来西亚），Selangking，Tambang，Basang（印度尼西亚），Kapiak（巴布亚新几内亚），Anubing（菲律宾），Khanun，Hat，Mahat（泰国）

【市场不规范名称】木波罗

【产地及分布】分布于泰国、马来西亚、菲律宾、印度尼西亚、巴布亚新几内亚等地。

【木材材性】木材具光泽；纹理直；结构细至中，均匀，木材重量中等；干缩中；强度中。木材很耐腐，能抵抗白蚁和虫害；锯、刨等加工容易，刨面光滑，刨切单板花纹美丽、装饰性强；胶黏和钉钉性能良好。气干密度 $0.52 \sim 0.70 \mathrm{g/cm}^3$。

【木材用途】木材适用于房屋建筑结构与建筑木制品，如梁、柱子、椽子、门窗，家具、细木工、装饰单板、胶合板、室内装修等，还可替代柚木使用等。

横切面微观图

麦粉饱食桑 *Brosimum alicastrum* Huber

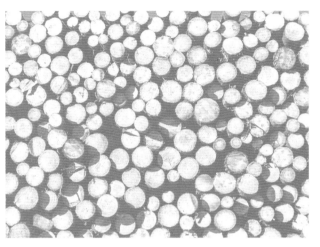

原木段（暂缺）

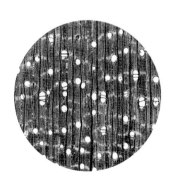

弦（或径）面纹理

【中文名】麦粉饱食桑

【学名】*Brosimum alicastrum* Huber

【科属】桑科 Moraceae

　　　　饱食桑属 *Brosimum*

【木材名称】黄饱食桑

【地方名称 / 英文名称】guaimaro（哥伦比亚），Congona，Machinga（秘鲁），Tillo（厄瓜多尔），Inhare，Murure，Muiratinga（巴西），Capomo，Ojoche，Ramon Blanco，Ramon Colorado（墨西哥），Masica（洪都拉斯），Breadnut（牙买加），Breadnut（美国、英国），Brotnussbaum（德国）

【产地及分布】分布于墨西哥、中美洲西印度群岛及伯利兹等地。

【木材材性】木材纹理直或斜、结构细而均匀；重量略重，强度高，干缩大。木材耐腐性一般，易遭真菌感染产生蓝变。木材旋切、胶合性好。气干密度约 $0.72g/cm^3$。

【木材用途】木材适用于一般建筑结构、地板、室内装修、家具、箱柜、细木工、车旋材、旋切单板与胶合板、工具柄等。

圭亚那蛇桑 *Pirotinera guianensis* Aubl Huber

原木段

弦（或径）面纹理

【中文名】圭亚那蛇桑

【学名】*Brosimum guianense*（Aubl.）Huber
（*Pirotinera guianensis*）

【科属】桑科 Moraceae
饱食桑属 *Brosimum*

【木材名称】蛇桑

【地方名称/英文名称】Palo de oro（委内瑞拉），Belokoro，Poevinga，Peni-paia（苏里南），Barrueh，Muirapinima（巴西），Waira caspi，Cashiba playa（秘鲁），Zauberbaum，Buchstabenholz（德国），Amourette，Lettre Mouchete（法国），Letterhout（荷兰、苏里南）

【市场不规范名称】桑木

【产地及分布】产于圭亚那，苏里南，巴西等南美洲北部地区。

【木材材性】心材具有黑色或红紫色蛇皮状条纹,装饰性强。木材重、硬，加工困难，但切面光滑，抛光性极好，不油漆直接抛光打蜡也非常漂亮，旋制性极佳。木材很耐腐，能抗蚁蛀和虫害。气干密度 $1.20 \sim 1.36 g/cm^3$。

【木材用途】木材适用于传统硬木古典家具、工艺品、雕刻、镶嵌、车旋制品、细木工、工具柄、乐器等以及要求耐久和高强度的场合。

横切面微观图

红饱食桑 *Brosimum rubescens* Taub.

原木段

弦（或径）面纹理

横切面微观图

【中文名】红饱食桑

【学名】*Brosimum rubescens* Taub.

【科属】桑科 Moraceae

饱食桑属 *Brosimum*

【木材名称】红饱食桑

【地方名称/英文名称】Muirapiranga，Amapa amargoso，Pau rainha，Falso pau brasil（巴西），Satinwood（圭亚那），Satijnhout，Doekaliballi（苏里南），Bloodwood，Satinwood（英国），Ferolia，Legno satino（意大利），Palo de oro（西班牙）

【市场不规范名称】南美血檀

【产地及分布】分布于南美洲热带地区。

【木材材性】木材光泽强，光照下易变深色至黑褐色。纹理直或略交错斜，结构很细而匀。木材重量略重，强度高，干缩大，木材很耐腐，能抗蚁蛀和虫害。木材加工困难，磨光性好。气干密度约 $0.75 \sim 1.05 \text{g/cm}^3$。

【木材用途】木材适用于家具、雕刻、镶嵌、车旋制品、细木工、工具柄、乐器等以及要求耐久和高强度场合。

染料橙桑 *Maclura tinctoria*（L.）D. Don ex Steud.

原木段

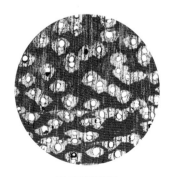

弦（或径）面纹理

【中文名】染料橙桑（染料绿柄桑）

【学名】 *Maclura tinctoria*（L.）D. Don ex Steud.（*Chlorophora tinctoria*）

【科属】 桑科 Moraceae
橙桑属 *Maclura*

【木材名称】 橙桑（绿柄桑）

【地方名称 / 英文名称】 Tata jyva，Tata-yva（秘鲁），Mora amarilla（阿根廷），Amoreira，Tatajuba，Amarelinho，Moreira，Tajuba（巴西），Moro，Moral，Palo moro（墨西哥、古巴、哥伦比亚、玻利维亚、委内瑞拉），Insira Caspi，Limulana（秘鲁），Yellow wood（美国），Murier de Tinturies，Bois jaune（法国），Palo naranjo（西班牙），Echter fustic，Kubaholz（德国）

【产地及分布】 广泛分布于中美洲、南美洲热带地区。

【木材材性】 木材略具光泽；纹理常交错；结构细至中，均匀。木材重量中等至重，干缩中；强度高。木材干燥不难；天然耐腐性好，能抗白蚁和蠹虫危害。木材加工较困难，钉钉也较难。木材的油漆、胶黏、砂光性能好。气干密度大致为 $0.73 \sim 0.90 \mathrm{g/cm^3}$。

【木材用途】 木材适用于重型建筑、甲板、室内外地板、家具、橱柜、室内装修、船舶、车辆、细木工、车旋制品、雕刻以及码头桩木、矿柱、枕木、海港用材等。

横切面微观图

金柚木 *Milicia excelsa*（Welw.）C.C.Berg（IROKO）

原木段

弦（或径）面纹理

横切面微观图

【中文名】金柚木（大绿柄桑）

【学名】*Milicia excelsa*（Welw.）C.C.Berg
（IROKO）（*Chlorophora excelsa*）

【科属】桑科 Moraceae
金柚木属 *Milicia*

【木材名称】绿柄桑（金柚木）

【地方名称 / 英文名称】Iroko，Odum（科特迪瓦、加纳），Rokko（尼日利亚），Abang，Bang（喀麦隆），Semli（利比里亚），Amoreira（安哥拉），Chamfutu（莫桑比克），Lusanga（扎伊尔）

【市场不规范名称】非洲黄金木、黄金柚

【产地及分布】广泛分布于非洲热带地区，自西非至东非的莫桑比克。

【木材材性】木材具光泽；纹理斜或交错；结构细至中，略均匀。木材重量轻至中等，干缩小至中；强度中等。木材干燥不难。天然耐腐性好，不易受蠹虫危害。木材加工较容易，油漆、胶黏、砂光性能好。气干密度 0.62~0.70g/cm³。

【木材用途】木材应用广泛，适用于家具、橱柜、地板、室内装修、细木工、单板、胶合板以及建筑、船舶、车辆、枕木、海港用材等，可替代柚木使用。

桑树 *Morus alba* L.

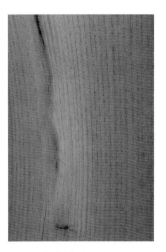

原木段

【中文名】桑树

【学名】*Morus alba* L.

【科属】桑科 Moraceae

桑树属 *Morus*

【木材名称】桑木

【地方名称 / 英文名称】家桑（河南、山西），桑椹（辽宁），白桑（山东、广东），山桑树（浙江），岩桑（四川）；White mulberry

【产地及分布】广泛分布于我国东北至华南各地，尤以长江流域为常见。

【木材材性】木材纹理直；结构中至略粗，不均匀。木材重量中等，干缩小；强度中。木材干燥慢，稳定性好。天然耐腐性好。木材加工不难，切面光滑，车旋性好，油漆、胶黏性好；握钉力强也较难。气干密度约 0.67g/cm³。

【木材用途】木材适用于建筑房柱、木桩、坑木、篱柱以及农具、工具柄、运动器材、车旋制品、雕刻等。

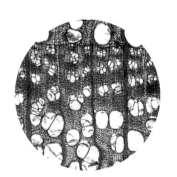

弦（或径）面纹理

横切面微观图

肉豆蔻 *Myristica* spp.

原木段

【中文名】肉豆蔻

【学名】 *Myristica* spp.

【科属】 肉豆蔻科 Myristicaceae

肉豆蔻属 *Myristica*

【木材名称】 肉豆蔻

【地方名称/英文名称】 Penarahan，Kumpang，Darahdarah，Numeg（马来西亚），Nutmeg（巴布亚新几内亚），Duguan，Tambalau（菲律宾），Darah，Gampusu，Kiling（印度尼西亚）

【市场不规范名称】 假沙比利

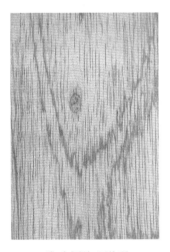

弦（或径）面纹理

【产地及分布】 分布广泛，自南亚、东南亚、马来群岛至太平洋岛屿。

【木材材性】 木材具光泽；纹理直或略交错；结构细、均匀；重量轻至略重，强度小至中等；干缩小。木材加工容易；旋切、握钉、胶黏性能良好；钉钉、油漆、染色和砂光性良好。气干密度约 $0.40 \sim 0.70 \text{g/cm}^3$。

【木材用途】 木材适用于房屋建筑、家具、室内装修、地板、门窗、装饰薄木、细木工、装饰单板、胶合板、车旋制品等。

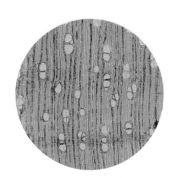

横切面微观图

原木段

【中文名】剥皮桉

【学名】*Eucalyptus deglupta* Bl.

【科属】桃金娘科 Myrtaceae

　　　　桉属 *Eucalyptus*

【木材名称】剥皮桉

【地方名称/英文名称】Deglupta, Mindanao gum（贸易名），Leda（印度尼西亚），Bagras，Banikag（菲律宾），Kamarere，Komo（巴布亚新几内亚），Mindanao gum（澳大利亚）

弦（或径）面纹理

【产地及分布】产于菲律宾和太平洋岛屿，现广泛栽培于世界热带地区。

【木材材性】木材具光泽；纹理通常交错；结构细，均匀；径面具带状条纹，具良好的装饰性；木材重量轻，强度低。干缩中等；木材加工容易，锯、刨切和旋切性能良好，握钉力强，胶合、涂饰性好。气干密度约 $0.42 \sim 0.54 \mathrm{g/cm}^3$。

【木材用途】木材可用于家具、室内装修、细木工、装饰单板、胶合板、包装箱、车工制品等。

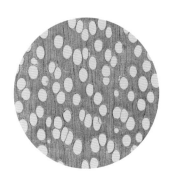

横切面微观图

巨桉 *Eucalyptus grandis* W. Hill

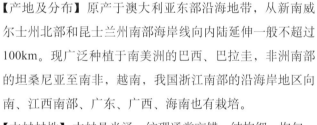

【中文名】巨桉

【学名】*Eucalyptus grandis* W. Hill

【科属】桃金娘科 Myrtaceae

桉属 *Eucalyptus*

【木材名称】巨桉

【地方名称 / 英文名称】Grandisgum，Toolur rose gum，Flooded gum（澳大利亚），Saligna gum（英国）

【市场不规范名称】玫瑰木、玫瑰桉

弦（或径）面纹理

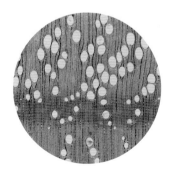

横切面微观图

【产地及分布】原产于澳大利亚东部沿海地带，从新南威尔士州北部和昆士兰州南部海岸线向内陆延伸一般不超过100km。现广泛种植于南美洲的巴西、巴拉圭，非洲南部的坦桑尼亚至南非，越南，我国浙江南部的沿海岸地区向南、江西南部、广东、广西、海南也有栽培。

【木材材性】木材具光泽；纹理通常交错；结构细，均匀；径面具带状条纹，具良好的装饰性。木材重量轻至中，强度低至中。木材干缩中等至大；加工容易，锯、刨切和旋切性能良好，握钉力强，胶合、涂饰性好。气干密度约 $0.52 \sim 0.60 \text{g/cm}^3$。

【木材用途】木材可用于家具、橱柜、建筑木制品如门窗、地板、室内装修、装饰单板、细木工、胶合板、包装箱、车工制品等。

铁心木 *Metrosideros petiolata* K. et V.

原木段（暂缺）

弦（或径）面纹理

【中文名】铁心木

【学名】*Metrosideros petiolata* K. et V.

【科属】桃金娘科 Myrtaceae
　　　　铁心木属 *Metrosideros*

【木材名称】铁心木

【地方名称 / 英文名称】Kaju lara , Lara（印度尼西亚）

【产地及分布】分布于印度尼西亚苏拉维西岛和马鲁古群岛。

【木材材性】木材略具光泽；纹理交错；结构很细，均匀。重量甚重；强度和硬度很高。木材干缩很大；很耐腐、抗虫蛀。木材干燥不易，加工困难，磨光性好。气干密度 1.17g/cm³。

【木材用途】木材适用于重型结构、桥梁、码头、承重地板、枕木、电杆，造船的龙骨、龙筋、肋骨，车旋制品等。

横切面微观图
（粗视图）

黑黄蕊木 *Xanthostemon melanoxylon* Peter G. Wilson & Pitisopa

原木段

弦（或径）面纹理

【中文名】黑黄蕊木

【学名】*Xanthostemon melanoxylon* Peter G. Wilson & Pitisopa

【科属】桃金娘科 Myrtaceae
　　　　黄蕊木属 *Xanthostemon*

【木材名称】黑黄蕊木

【地方名称/英文名称】Queen ebony，Solomon blackwood，Pacific blackwood，Ironwood（贸易名），Tubi，Rie，Bugotu，Kia，Gao（所罗门群岛）

【市场不规范名称】亚历山大紫檀、所罗门大叶紫檀、所罗门黑檀

【产地及分布】分布于太平洋岛屿、所罗门群岛、新几内亚岛等。

【木材材性】木材具光泽；纹理直或斜；结构甚细，均匀。木材甚重、甚硬，强度高、耐磨。木材干燥慢，有开裂倾向。很耐腐，能抗白蚁危害。木材加工不易，刨面光滑；抛光性好。气干密度约 $0.95 \sim 1.23 \text{g/cm}^3$。

【木材用途】木材适用于高档精致家具，雕刻、车旋制品、镶嵌、乐器（单簧管，双簧管，长笛，电吉他）、珠宝礼盒、工艺美术制品、工具柄，以及户外耐腐和承重结构用材，如泻湖、海岸边的房屋立柱、栈桥和标杆等。

横切面微观图

翼红铁木 *Lophira alata* Banks ex Gaertn.

原木段

【中文名】翼红铁木

【学名】 *Lophira alata* Banks ex Gaertn.
【科属】金莲木科 Ochnaceae
红铁木属 *Lophira*
【木材名称】红铁木
【地方名称/英文名称】 Esore，Asso，Edoum，Ous（科特迪瓦），Hendui（里比利亚），Kaku（加纳），Bang，Okoa（喀麦隆），Ekki，Eba（尼日利亚），Akoga，Akoura（加蓬），Aya，Bonkole（扎伊尔、中非），Red ironwood（英国）

弦（或径）面纹理

【产地及分布】分布于科特迪瓦、喀麦隆、加蓬、赤道几内亚、加纳、尼日利亚、塞拉里昂、英国、刚果。

【木材材性】木材略具光泽；纹理直或略斜；结构细，均匀；甚重甚硬，强度高，干缩甚大；干燥困难；耐久性好，能抗菌类、蛀虫、白蚁等危害；加工困难；胶合和抛光性能良好。气干密度 $1.04\sim1.09g/cm^3$。

【木材用途】木材适用于海上用材，宜作港口建设、码头桩木、甲板、承重地板、重型耐腐建筑结构、桥墩等，也可用于家具、雕刻等，是需要受力和耐久场所的优选材料。

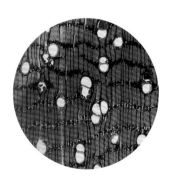

横切面微观图

特斯金莲木 *Testulea gabonensis* Pellegr.

原木段

【中文名】特斯金莲木

【学名】*Testulea gabonensis* Pellegr.

【科属】金莲木科 Ochnaceae

特斯金莲木属 *Testulea*

【木材名称】特斯金莲木

【地方名称 / 英文名称】Izombe，Ake，Akewe（加蓬）

弦（或径）面纹理

【产地及分布】分布在加蓬和喀麦隆。

【木材材性】木材光泽弱；纹理交错；结构细而匀。木材重，强度中至高。木材干缩中等；干燥容易。木材心材耐腐性强，能抗白蚁，但有蓝变倾向。木材加工容易，胶合、抛光、油漆性能好，钉钉性能较好，有时会发生轻微劈裂。气干密度约 0.80g/cm³。

【木材用途】木材适用于制作门、窗、家具、地板、模型、雕刻品等，还可作为微薄木和胶合板用材。

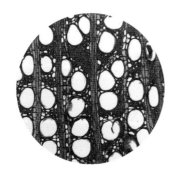

横切面微观图

蒜果木 *Scorodocarpus borneensis* Becc.

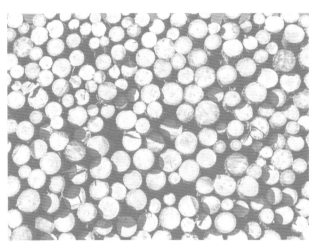

原木段（暂缺）

【中文名】蒜果木

【学名】*Scorodocarpus borneensis* Becc.

【科属】铁青树科 Olacaceae

蒜果木属 *Scorodocarpus*

【木材名称】蒜果木

【地方名称 / 英文名称】Kulim（马来西亚、印度尼西亚），Bawang hutan，Ungsunah（加里曼丹），Bawang，Kasino，Madudu，Sinduk（印度尼西亚）

弦（或径）面纹理

【产地及分布】产于马来西亚和印度尼西亚，尤在加里曼丹岛。

【木材材性】木材光泽弱；纹理略斜至交错；结构细而匀。木材重；干缩小；强度中至高。木材干燥稍快；耐腐，抗蚁性能中等，有受粉蠹虫及天牛危害倾向，抗海生钻木动物性能良好。木材加工干时锯、刨略难，但刨面光滑；旋切性能中等。气干密度约 0.82g/cm³。

【木材用途】木材适用于重型结构、柱子、梁、搁栅、椽子、门窗、地板以及铁路枕木、电杆和造船等。

横切面微观图

欧洲白蜡木 *Fraxinus excelsior* L.

原木段

弦（或径）面纹理

横切面微观图

【中文名】欧洲白蜡木

【学名】*Fraxinus excelsior* L.

【科属】木犀科 Oleaceae

白蜡木属 *Fraxinus*

【木材名称】白蜡木

【地方名称/英文名称】Einheimische Esche，Gemeine esche（德国），Frene commun（法国），Europees essen（荷兰），Common ash（英国），Frassino maggiore（意大利），Fresno comun（西班牙），Dischbudak（土耳其），European Ash（美国）

【市场不规范名称】白橡、栓木

【产地及分布】广泛分布于欧洲及西亚和南亚地区。

【木材材性】木材有光泽；纹理直；结构中至粗，不均匀；重量中，强度高；硬度软或中；干缩大；冲击韧性高；干燥不难，不耐腐、也易受虫害。木材切削容易，切面颇光滑；油漆后光亮性良好；胶黏容易；握钉力强。气干密度约 0.68g/cm³。

【木材用途】木材适用于高档家具、地板、刨切薄木、运动器材、室内装修、车旋制品、工具柄、造船、车辆、军工用材等。

水曲柳 *Fraxinus mandshurica* Rupr.

原木段

【中文名】水曲柳

【树种】*Fraxinus mandshurica* Rupr.

【科属】木犀科 Oleaceae

　　　　白蜡树属 *Fraxinus*

【木材名称】水曲柳

【地方名称 / 英文名称】Mandschurische Esche（德国），Tamo（日本），Tamo Ash，Japanese Ash，Manchurian Ash（美国）

弦（或径）面纹理

【产地及分布】产于我国东北及华北地区，俄罗斯、朝鲜、日本等也有分布。

【木材材性】木材具光泽；纹理通直；结构粗，不均匀；干缩中至大，干材尺寸稳定性中；重量中；质坚韧；硬度中；强度中；较耐腐，不抗蚁蛀；锯、刨等加工容易，刨面光滑；胶黏、油漆、着色均易；握钉力颇大。气干密度 $0.60 \sim 0.72 \text{g/cm}^3$。

【木材用途】木材适用于制作高级家具、刨切薄木、室内装修、地板、车旋制品、工具柄、运动器械、乐器、细木工制品、造船、车辆、军工用材等。

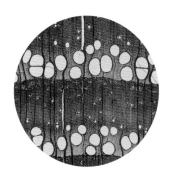

横切面微观图

黄叶树 *Xanthophyllum* spp.

原木段

【中文名】黄叶树

【学名】*Xanthophyllum* spp.

【科属】远志科 Polygalaceae

　　　黄叶树属 *Xanthophyllum*

【木材名称】黄叶木

【地方名称/英文名称】PNG box wood（巴布亚新几内亚），Nyalin，Minyak burok（马来西亚），Nilin，Gading，Kiendog，Mendjalin，Minak angat（印度尼西亚）

【市场不规范名称】巴新黄杨木、黄杨木

弦（或径）面纹理

【产地及分布】分布于菲律宾、马来西亚、印度尼西亚、巴布亚新几内亚等。

【木材材性】木材具光泽；纹理直或斜；结构中等，均匀。木材重量中等，强度中等。干缩中等。木材干燥不难，有翘曲和开裂倾向。木材不耐腐，易感染真菌致变色，易受白蚁危害。木材加工容易，刨面光滑；油漆、着色和胶黏性良好。气干密度约 0.60～0.80g/cm³。

【木材用途】木材适用于建筑搁栅、房架、房柱，建筑木制品如地板、门窗、室内装修，以及家具、玩具、车旋制品、雕刻等。

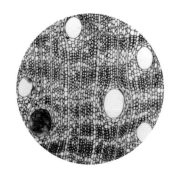

横切面微观图

克莱小红树 *Anopyxis klaineana*（Pierre）Engl.

原木段

【中文名】克莱小红树

【学名】*Anopyxis klaineana*（Pierre）Engl.

【科属】红树科 Rhizophoraceae

小红树属 *Anopyxis*

【木材名称】小红树

【地方名称/英文名称】Kpomuisi，Kpoo，Weng，Goe，Kokoti，Gbolowueh（利比里亚），Noudougou（喀麦隆），Abari，Kokote（加纳），Bobenkusu（扎伊尔），Otutu（尼日利亚），Evan（加蓬），Adonmeteu（科特迪瓦）

弦（或径）面纹理

【产地及分布】产于西非热带雨林地区，加蓬、加纳、科特迪瓦、扎伊尔、喀麦隆、利比里亚、尼日利亚等地。

【木材材性】木材具光泽；纹理直或斜；结构细，均匀。木材重而硬，质坚韧，强度大，耐磨；干缩中至大；略耐腐，易蓝变。木材锯、刨等加工容易，刨面光滑；抛光、胶黏、着色性好。气干密度约 0.88g/cm³。

【木材用途】木材适用于建筑结构、地板、矿柱、家具、橱柜、室内装修、细木工制品、车旋制品、工具柄等。

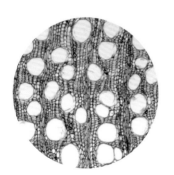

横切面微观图

竹节树 *Carallia brachiata*（Lour.）Merr.

原木段

【中文名】竹节树

【学名】*Carallia brachiata*（Lour.）Merr.

【科属】红树科 Rhizophoraceae

　　　竹节树属 *Carallia*

【木材名称】竹节木

【地方名称／英文名称】Meransi，Putat hutan（马来西亚），Ringgit darah，Bara（印度尼西亚），Bakauan gubat（菲律宾）等

弦（或径）面纹理

【产地及分布】产于东南亚泰国、马来西亚、菲律宾、印度尼西亚以及巴布亚新几内亚等。

【木材材性】木材具光泽，纹理直或略斜；结构中等，均匀。径面板因木材具宽射线而呈现银光纹理，颇具装饰性。木材重，质硬；强度高或中，略耐腐。木材干缩甚大；干材稳定性中。略耐腐。气干密度 $0.84\sim0.87g/cm^3$。

【木材用途】木材适宜作家具、仪器箱盒、室内装修、拼花地板、柱子、枕木等。

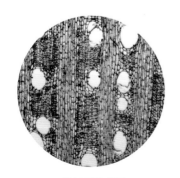

横切面微观图

风车果 *Combretocarpus rotundatus*（Miq.）Dans

原木段

【中文名】风车果

【学名】*Combretocarpus rotundatus*（Miq.）
　　　　Dans

【科属】红树科 Rhizophoraceae
　　　　风车果属 *Combretocarpus*

【木材名称】风车果

【地方名称/英文名称】Keruntum（马来
西亚马来亚和砂拉越），Perpat darat（印
度尼西亚），Perepat paya（马来西亚马来
亚、沙巴）

弦（或径）面纹理

【产地及分布】分布于马来西亚和印度尼西亚。

【木材材性】木材有光泽；纹理直或斜；结构中，均匀；径
面板因木材具宽射线而呈现银光纹理，颇具装饰性。重量中
至重；木材硬，强度及冲击韧性中；干缩小，略耐腐。木材
锯、刨等机械加工容易，刨面光滑，油漆、胶黏和涂饰性好。
气干密度 0.63～0.83g/cm³。

【木材用途】木材适宜做建筑结构、建筑木制品、门窗、地板、
室内装修、胶合板、装饰单板、柱材等。

横切面微观图

狄氏黄胆木 *Nauclea diderrichii* Merrill

原木段

弦（或径）面纹理

横切面微观图

【中文名】狄氏黄胆木

【树种】*Nauclea diderrichii* Merrill

【科属】茜草科 Rubiaceae

黄胆属 *Nauclea*

【木材名称】重黄胆木

【地方名称／英文名称】Opepe（尼日利亚、英国、比利时），Bilinga（加蓬、赤道几内亚、德国、法国、荷兰），Badi，Sibo，Bedo，Ekusamba（科特迪瓦），Kusia（加纳），Akondok，Eke，Aloma（喀麦隆），Bonkangu，Gulu Maza（安哥拉、扎伊尔），Mokese，Kilingi（乌干达）

【市场不规范名称】金象牙

【产地及分布】广泛分布于西非至中非的热带地区。

【木材材性】木材光泽强；纹理交错；结构细至略粗；干缩大；干材稳定性中。木材重量中；强度中，极耐腐，抗蚁性强。木材加工性能一般、胶黏性良好。气干密度 $0.67 \sim 0.78 \text{g/cm}^3$。

【木材用途】木材适用于建筑工程以及高级耐腐室外用材、造船、码头、枕木、装饰单板、地板、楼梯、扶手、家具、细木工等。

原木段

【中文名】欧洲甜樱桃

【学名】*Prunus avium*（L.) L.

【科属】蔷薇科 Rosaceae

　　　　樱属 *Prunus*

【木材名称】樱桃木

【地方名称 / 英文名称】Cherry，Gean，Mazzard（英国），Vogelkirsche（德国），Kersen（荷兰），Merisier（法国），Ciliegio montano（意大利），Cerezo silvestre（西班牙），Yabani fisne（土耳其），Mad rcsereszyne（匈牙利），Aaluh kak（伊朗），European cherry，Asweet cherry，Wild cherry

【产地及分布】广泛分布于欧洲、亚洲西部。

【木材材性】木材光泽强；纹理直；结构细至中，均匀。木材重量中等；干缩大；强度低至中。木材略耐腐；有受虫危害倾向。木材干燥容易，锯、刨、旋切等加工容易，且切面光滑；油漆、装饰、胶合性能良好。气干密度约 0.60g/cm³。

【木材用途】木材适用于高档家具、橱柜、装饰薄木、车旋制品、雕刻、乐器等。

弦（或径）面纹理

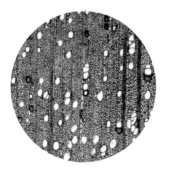

横切面微观图

原木段

【中文名】美洲黑樱桃

【树种】*Prunus serotina* Ehrh.

【科属】蔷薇科 Rosaceae

　　　　樱属 *Prunus*

【木材名称】樱桃木

【地方名称 / 英文名称】Black cherry（美国），Capulin（墨西哥），Cerisier tardif（法国），Merisier（加拿大），Cerezo americano（西班牙），Amerikanischer Kitschbaum（德国），American Cherry

弦（或径）面纹理

【产地及分布】分布于北美的东北部地区。

【木材材性】木材光泽强，纹理直，结构细至中，均匀。木材重量轻至中等，干缩大；强度低至中。心材颇耐腐。木材干燥容易，锯、刨、旋切等加工容易，且切面光滑；油漆、装饰、胶合性能良好。气干密度约 0.56g/cm^3。

【木材用途】木材适用于高档家具、橱柜、装饰薄木、车旋制品、雕刻、乐器等。

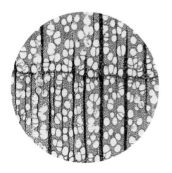

横切面微观图

原木段

【中文名】美洲黑杨

【学名】*Populus deltoids* Marsh.

【科属】杨柳科 Saliaceae

　　　　杨属 *Populus*

【木材名称】黑杨

【地方名称/英文名称】Eastern Cottonwood，Cottonwood（美国）

【市场不规范名称】意杨、欧美杨

弦（或径）面纹理

【产地及分布】原产于北美东部地区。20 世纪 90 年代我国引种作为无性系培育的主要亲本。现广泛栽培于淮河流域以南地区，为南方型无性系杨树栽培的重要树种。

【木材材性】木材具光泽；纹理直或斜；结构细，均匀；重量轻；强度低。木材干燥容易，易出现皱缩变形；不耐腐、易遭真菌感染致蓝变。木材加工容易，刨切、旋切性良好；但锯刨、砂光时表面易起毛。木材胶黏、着色性好。气干密度约 0.44g/cm^3。

【木材用途】木材适用于旋切和刨切单板、胶合板制造、纤维原料、包装箱等。

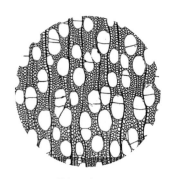

横切面微观图

烈味天料木 *Homalium foetidum*（Roxb.）Benth.

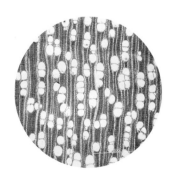

原木段

弦（或径）面纹理

横切面微观图

【中文名】烈味天料木

【学名】*Homalium foetidum*（Roxb.）Benth.

【科属】天料木科 Samydaceae

　　　天料木属 *Homalium*

【木材名称】天料木

【地方名称 / 英文名称】Malas（巴布亚新几内亚），Selimbar，Petaling，Padang，Takaliu，Banisian（马来西亚），Gia，Dlingsem，Melmas，Momala（印度尼西亚），Myaukchaw，Myaukugo（缅甸），Kha nang（泰国），Khen nang（老挝），Aranga（菲律宾），Aranga，Burma Lancewood（英国贸易名）

【产地及分布】分布巴布亚新几内亚、马来西业、印度尼西亚、菲律宾、缅甸等地。

【木材材性】木材具光泽；纹理直或交错；结构细而匀。木材重；质硬；干缩很小；强度中至高。木材干燥稍慢；耐腐性中等；木材有小蠹虫危害，抗白蚁及船蛆性中等；防腐剂处理边材易浸注而心材稍差；锯、刨等加工性能良好，切面光滑；刨有时可能产生戗茬；钉钉时宜先打孔。气干密度 $0.74 \sim 0.84 \text{g/cm}^3$。

【木材用途】木材适用于重型建筑（如桥梁、码头修建）、造船（如龙骨、船底板）、车辆、电杆、矿柱、枕木、农用机械、运动器材、机座、汽锤垫板、家具等。

檀香木 *Santalum album* L.

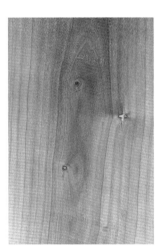

原木段

【中文名】檀香木

【学名】 *Santalum album* L.

【科属】 檀香科 Santalaceae

　　　　檀香属 *Santalum*

【木材名称】 檀香木

【地方名称 / 英文名称】 Bach dan(越南),
Sandalwood, Chamdana(印度)

【市场不规范名称】 白檀、老山檀

弦（或径）面纹理

【产地及分布】 产于印度。

【木材材性】 木材光泽强，纹理直或不规则，具油性，有浓郁持久的芳香气味。木材结构甚细、均匀；硬重。木材雕刻和车旋性优良，抛光性好，打磨、抛光后细腻、光滑。木材天然耐久性强、抗虫蛀。气干密度 0.84～0.97g/cm³。

【木材用途】 木材是世界著名的香料和贵重的工艺材料，可用于制作珠宝箱、首饰盒、檀香扇、工艺扇、佛像雕刻等；也是雕刻、车工、工艺品的上等用材。

横切面微观图

龙眼木 *Dimocarpus longan* Lour.

原木段

【中文名】龙眼木

【学名】*Dimocarpus longan* Lour.

【科属】无患子科 Sapindaceae

龙眼属 *Dimocarpus*

【木材名称】龙眼木

【地方名称／英文名称】桂圆树，桂圆（四川），圆眼（广西）；Longan

弦（或径）面纹理

【产地及分布】产于福建东南近海内地区，广东南部、海南岛、云南东南部、台湾、广西南部、贵州和四川均有栽培。

【木材材性】木材有光泽；纹理斜或交错，材身上呈小波纹；结构细而匀；重或甚重；甚硬；干缩大或甚大；强度。木材干燥不易，有开裂；耐腐性很强，略抗海生钻木动物危害；切削困难。气干密度约 $0.90 \sim 1.02 g/cm^3$。

【木材用途】木材可用于渔轮龙骨、桅夹、床架、碾米水车、研钵、板车车轴及轴承、齿轮、木槌、木钉等，是雕刻用的优良材料。

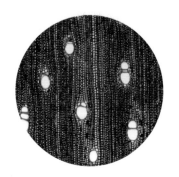

横切面微观图

荔枝木 *Litchi chinensis* Sonn.

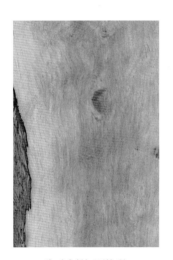

原木段

【中文名】荔枝木

【学名】*Litchi chinensis* Sonn.
【科属】无患子科 Sapindaceae
　　　　荔枝属 *Litchi*
【木材名称】荔枝木
【地方名称／英文名称】荔枝树（通称），荔枝母，格洗（海南岛），火山，酸枝（广东阳春）；Litchi

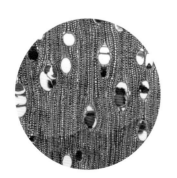

弦（或径）面纹理

【产地及分布】原产于福建东南部，经广东和广西南部至云南东南部，四川和台湾也有栽培，尤以福建南部和广东、广西南部产量最多，海南岛野生的材质最佳。

【木材材性】木材有光泽；纹理斜或交错，材身上呈水波纹；结构细而匀；甚重；甚硬；干缩大或甚大；强度高或甚高。木材抗海生钻木动物蛀蚀中等。气干密度大致为 $0.95 \sim 1.02 \mathrm{g/cm^3}$。

【木材用途】木材可用于渔轮龙骨、舵杆、舵尺（舵柱）、舵手、桅夹等，木工喜欢用做刨架，还可用于板车车轴及轴承、齿轮、木槌、木钉、车旋制品、雕刻。

横切面微观图

番龙眼 *Pometia pinnata* J. R. Forster

原木段

弦（或径）面纹理

【中文名】番龙眼

【学名】*Pometia pinnata* J. R. Forster

【科属】无患子科 Sapindaceae

番龙眼属 *Pometia*

【木材名称】番龙眼

【地方名称/英文名称】Kasai，Taun，Matoa，Megan（贸易名），Leungsir，Tawan，Ihi mendek（印度尼西亚），Malugai（菲律宾），Paga-nyet-su ava（缅甸），Sai，daengnam（泰国），Chieng dong，Kwaang（老挝），Toun（所罗门）

【市场不规范名称】唐木、红梅嘎

【产地及分布】广泛分布于从斯里兰卡、安达曼，经东南亚、巴布亚新几内亚到萨摩亚群岛的亚洲和大洋洲热带地区。

【木材材性】木材具光泽；纹理直至略交错；结构细而匀。木材重量中，接近重；硬度中；干缩大；强度中。木材干燥困难；稍耐腐至耐腐；易感染小蠹虫及海生钻木动物危害。木材加工容易，锯解板面光洁；胶黏，油漆，染色性能良好，蒸煮后弯曲性能良好。气干密度大致为 $0.60 \sim 0.74 \mathrm{g/cm}^3$。

【木材用途】木材适用于建筑结构的梁、檩条，建筑木制品如地板、天花板、壁板，旋切单板、胶合板，造船、车辆、包装箱盒、家具、文体用品等。

横切面微观图

原木段

【中文名】奥特山榄

【学名】*Autranella congolensis* A. Chev.

【科属】山榄科 Sapotaceae
　　　　奥特山榄属 *Autranella*

【木材名称】奥特山榄

【地方名称／英文名称】Elang，Elanzok（喀麦隆），Bouanga（中非），Mfua（刚果），Kungulu（安哥拉）

弦（或径）面纹理

【产地及分布】产于喀麦隆、中非、扎伊尔、加蓬、南非等，在稠密的赤道森林中有广泛的分布。

【木材材性】木材光泽弱；纹理直或略交错；结构细；木材重至甚重；干缩大，强度高。木材干燥慢；耐腐；抗蚁性能好；能抗稀酸。木材锯、刨等加工略容易。由于含硅石，刀具易钝；胶合性能好，钉钉困难，最好预先打孔，抛光性好。气干密度约 $0.82 \sim 0.95 \mathrm{g/cm}^3$。

【木材用途】木材适用于重型建筑、桥梁、电杆、矿柱、枕木、酸液容器、重载地板、装饰单板、细木工、农业机械、运动器材等。

横切面微观图

毒籽山榄 *Baillonella toxisperma* Pierre

原木段

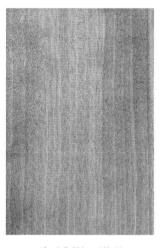

弦（或径）面纹理

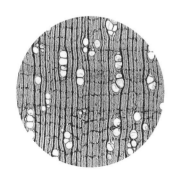

横切面微观图

【中文名】毒籽山榄

【学名】*Baillonella toxisperma* Pierre

【科属】山榄科 Sapotaceae

　　　毒籽山榄属 *Baillonella*

【木材名称】毒籽山榄

【地方名称／英文名称】Moabi，Njabi（尼日利亚），Adjap，Ayap，Djave（喀麦隆），dimpampi（刚果），M'foi（加蓬），Muamba jaune（扎伊尔），ayap（赤道几内亚），African pearwood（德国）

【市场不规范名称】樱桃木

【产地及分布】主要分布于尼日利亚、加蓬、喀麦隆、刚果、扎伊尔等非洲赤道地区。

【木材材性】木材光泽强；纹理直或略斜；结构细，均匀。材色红褐，似樱桃木，装饰性好。木材重、硬，强度高；干缩大。木材耐腐性强，能抗白蚁和海生钻孔动物危害。木材加工时刀具易钝；胶黏、钉钉、抛光性能良好。气干密度 $0.80 \sim 0.90 \mathrm{g/cm^3}$。

【木材用途】木材适用于建筑结构及建筑木制品、地板、墙板、精致家具、橱柜、细木工制品、装饰单板、雕刻、车旋制品等。

原木段

弦（或径）面纹理

横切面微观图

【中文名】非洲金叶树
（非洲甘比山榄）

【学名】*Chrysophyllum africanum* A. DC.

[*Gambeya africana*（A. DC.）Pierre]

【科属】山榄科 Sapotaceae

金叶树属 *Chrysophyllum*

【木材名称】非洲金叶树（甘比山榄）

【地方名称／英文名称】Grogoli，Koandio，Osam（科特迪瓦），Abam（喀麦隆），M'bebame（加蓬），Mukalla（刚果），Inon，Agwa（尼日利亚），Mukali（安哥拉），Osan（乌干达），Mukangu（肯尼亚），Aningre，Longhi blanc（德国、法国），Aningueri，Anigre（法国），Aningeria（英国），Kali（德国）

【产地及分布】分布广泛，自西非的塞拉利昂、科特迪瓦、至东部的乌干达、肯尼亚；并常有栽培。

【木材材性】木材光泽弱；纹理通常直，或略斜；结构细，均匀。木材重量中至略重；强度中至略高。木材耐腐性一般，易受　虫和白蚁危害。木材加工容易，易于旋切和刨切，且切面光滑；胶黏、钉钉、抛光性能良好。气干密度 $0.55\sim0.65\mathrm{g/cm}^3$。

【木材用途】木材适用于建筑木制品、门窗、地板、墙板、室内装修、家具、细木工制品、装饰单板、胶合板等。

金叶树 *Chrysophyllum* spp.

原木段

【中文名】金叶树

【学名】*Chrysophyllum* spp.

【科属】山榄科 Sapotaceae

　　　　金叶树属 *Chrysophyllum*

【木材名称】金叶树（金叶山榄）

【地方名称/英文名称】Mempulut，Pais，Sawo bludru，Bariraga kapoete，Utjung gunung（印度尼西亚），Pulut pulut（马来西亚），Chrysophyllum（巴布亚新几内亚）

弦（或径）面纹理

【产地及分布】金叶树属有 100 余种，主要分布美洲和非洲热带地区，亚洲产的只有 *Chrysophyllum roxburghii*，C. *lanceolatum*，C. *papuanicum*，C. *novoguineense*，C. *bakhuizenii* 等数种，分布于马来西亚、印度尼西亚和新几内亚岛。

【木材材性】木材光泽弱；纹理通常直，或略斜；结构细，均匀。木材材色浅，黄白色至浅黄褐色。木材轻至略重；耐腐性一般，易遭真菌感染致蓝变。木材加工容易，切面光滑；胶黏、钉钉、抛光性能良好。气干密度 0.45~0.66g/cm³。

【木材用途】木材适用于建筑木制品、地板、墙板，室内装修、家具、单板、胶合板等。

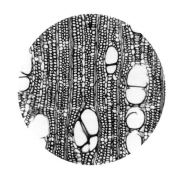

横切面微观图

马来亚子京 *Madhuca utilis* (Ridl.) H. J. Lam.

原木段

【中文名】马来亚子京

【树种】*Madhuca utilis*（Ridl.）H. J. Lam.

【科属】山榄科 Sapotaceae

子京属 *Madhuca*

【木材名称】比蒂山榄

【地方名称 / 英文名称】Bitis（马来西亚）

弦（或径）面纹理

【产地及分布】在马来半岛及马来西亚沙巴常见。

【木材材性】心材红褐或紫红褐色；与边材区别略明显；边材色浅。木材具光泽；无特殊气味；滋味微苦；纹理直至略交错；结构细而匀。木材甚重；质很硬；干缩甚大；强度甚高。木材干燥困难，速度慢；主要缺陷是倾向表面开裂，端裂并不显著。很耐腐；但变异较大，能抗白蚁，但抗海生钻木动物能力低；防腐处理心材困难，边材浸注性能中等。因木材重、硬，加工困难；但刨、旋性能良好，切面光滑。气干密度 $0.93 \sim 1.12 \mathrm{g/cm^3}$。

【木材用途】木材适用于柱子、梁、椽子、搁栅、承重地板、拼花地板、门、窗框、桥梁、码头、枕木、电杆、横担木、造船、车辆、农业机械、运动器材、工具柄、细木工等。

横切面微观图

重齿铁线子 *Manilkara bidentata*（A. DC.）A. Chev.

原木段

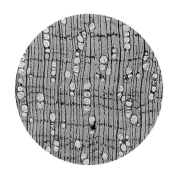

弦（或径）面纹理

【中文名】重齿铁线子

【学名】*Manilkara bidentata*（A. DC.）A. Chev.

【科属】山榄科 Sapotaceae
铁线子属 *Manikara*

【木材名称】铁线子

【地方名称/英文名称】Maçaranduba，Balata maparajuba（巴西），Massaranduba，Purguo morado（委内瑞拉），Bulletrie（苏里南），Quinilla，Ansubo（秘鲁），Bulletwood

【市场不规范名称】红檀

【产地及分布】广泛分布于中美洲至南美洲热带地区。

【木材材性】木材纹理直至略交错；结构甚细、均匀；甚重甚硬；强度甚高，耐磨；干缩大。木材干燥困难，易产生端裂和表面裂纹。木材非常耐腐，能抗白蚁。木材加工困难；磨光性好、抛光后光亮。气干密度 $1.0 \sim 1.10 g/cm^3$。

【木材用途】木材适用于建筑承重结构如柱子、梁、椽子、搁栅以及桥梁、码头、枕木、桩木、电杆、造船、车辆、农业机械、运动器材、工具柄，还可用于重载地板、雕刻、车工制品、提琴弓等各类要求强度大和耐久地方。

横切面微观图

考基铁线子 *Manilkara kauki*（L.）Dubard

原木段

弦（或径）面纹理

横切面微观图

【中文名】考基铁线子

【学名】*Manilkara kauki*（L.）Dubard

【科属】山榄科 Sapotaceae

　　　　铁线子属 *Manikara*

【木材名称】铁线子

【地方名称／英文名称】Sawo（印度尼西亚），Sawah（马来西亚），Duyok-duyok（菲律宾），Sner（巴布亚新几内亚），Khayah rgn（缅甸），Kirakuli，Khir（印度），Kes（柬埔寨），Ket（泰国）

【市场不规范名称】红檀

【产地及分布】广泛分布于亚洲热带地区，自印度、缅甸至中南半岛、马来半岛，到太平洋岛屿。

【木材材性】木材具光泽；纹理直至略交错；结构甚细、均匀。木材甚重甚硬；强度甚高。干缩大。木材干燥难以掌握，常产生端裂和表面裂纹。木材非常耐腐。木材加工困难；切面光亮。气干密度 $0.90 \sim 1.15 \mathrm{g/cm^3}$。

【木材用途】木材适用于建筑承重结构如柱子、梁、椽子、搁栅以及桥梁、码头、枕木、桩木、电杆、造船、车辆、农业机械、运动器材、工具柄，还可用于重载地板、雕刻、车工制品等各类要求强度大和耐久地方。

人心果 *Manikara hexandra*（L.）P. Royen

原木段

【中文名】人心果

【学名】 *Manilkara zapota*（L.）P. Royen
【科属】 山榄科 Sapotaceae
　　　　铁线子属 *Manikara*
【木材名称】 铁线子
【地方名称／英文名称】 Zapote，Chapote，Peruetano（墨西哥），Sapotier（法国），Chicle，Sapote（美国），Chicozapote，Sapodilla
【市场不规范名称】 红檀

弦（或径）面纹理

【产地及分布】 分布于中美洲至南美洲北部地区，墨西哥、尼加拉瓜、委内瑞拉等国。

【木材材性】 木材光泽强；纹理直至略交错；结构甚细、均匀。甚重甚硬；强度甚高。干缩大。木材干燥困难，易产生端裂和表面裂纹。木材非常耐腐，能抗白蚁，抗虫和海生钻孔动物危害。木材加工困难；磨光性好、抛光后光亮，旋切性好。气干密度 0.91～1.20g/cm³。

【木材用途】 木材适用于建筑承重结构如柱子、梁、椽子、搁栅以及桥梁、码头、枕木、桩木、电杆、木梯、造船、车辆、农业机械、运动器材、工具柄，还可用于重载地板、雕刻、车工制品等各类要求强度大和耐久地方。

横切面微观图

胶木 *Palaquium* spp.

原木段

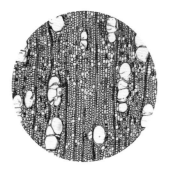

弦（或径）面纹理

【中文名】胶木

【学名】 *Palaquium* spp.

【科属】 山榄科 Sapotaceae

胶木属 *Palaquium*

【木材名称】 纳托山榄

【地方名称/英文名称】 Nayatoh，Nayatohputeh，Riam，Jangka（马来西亚），Hangkang，Balam teruing puteh，Balam masin，Kayu tanjung hutan，Mayang，taban（马来西亚、印度尼西亚），Chorni（柬埔寨），Chay（越南），Pencil cedar，Red planchonella（巴布亚新几内亚），Lahas，Nato（菲律宾），Kha-nunnok（泰国）

【产地及分布】 分布于印度、缅甸、越南、柬埔寨、马来西亚、印度尼西亚、巴布亚新几内亚等。

【木材材性】 木材具光泽；纹理直或略斜；结构细，均匀。木材重量中；干缩小至中；强度低。木材干燥稍慢；耐腐；不抗海生钻木动物和白蚁危害。木材锯、刨等加工容易，胶合、涂饰性良好，切面光滑。气干密度 $0.46\sim0.77g/cm^3$。

【木材用途】 木材适用于建筑木制品（如门窗、地板、天花板）、室内装修、家具、橱柜、旋切单板、胶合板等。

横切面微观图

粗状桃榄 *Pouteria robusta*

原木段

弦（或径）面纹理

【中文名】粗状桃榄
　　　　（粗状阿林山榄）

【学名】*Pouteria robusta*（*Aningueria robusta*
　　　　Aubrev et Pellegr.）

【科属】山榄科 Sapotaceae
　　　　桃榄属 *Pouteria*

【木材名称】粗状桃榄（阿林山榄）

【地方名称／英文名称】Grogoli，Koandio，
Osam（科特迪瓦），Mukalla（刚果），
Landosan，Landojan（尼日利亚），Mukali，
Kali（安哥拉），Inon，Agwa（尼日尔），
Mukangu，Muna（肯尼亚），Utoke，Osan（乌
干达），Aningueri，Anigrr，Aningre blanc，
Longhi blanc（法国、德国），Aningeria（英国）

【市场不规范名称】安纳格

【产地及分布】广泛分布非洲热带地区，如加纳、肯尼亚、
尼日利亚、科特迪瓦、安哥拉等。

【木材材性】木材光泽弱；纹理直，偶交错；结构细，均匀。
木材重量中；干缩大，强度高。木材干燥速度中等；不耐腐，
抗菌和白蚁性能差，易蓝变；加工容易，刨切、旋切性良好；
胶黏、着色、抛光性能良好。气干密度约 0.59g/cm³。

【木材用途】木材适用于家具，细木工，微薄木，胶合板，
室内装修，包装箱，车旋制品等。

横切面微观图

【中文名】猴子果

【学名】*Tieghemella heckelii* Pierre
【科属】山榄科 Sapotaceae
　　　　猴子果属 *Tieghemella*
【木材名称】猴子果
【地方名称 / 英文名称】Makore（加纳、尼日利亚、科特迪瓦、喀麦隆、利比里亚），Baku，Abako，Makori，Edumo，Makwe（加纳），Butusu，Dumori（科特迪瓦），Aganokwi，Aganokwa，Aganope（尼日利亚），Kondofindo（扎伊尔）等
【市场不规范名称】圣桃木

原木段

山榄科 Sapotaceae

【产地及分布】广泛分布于西非至中非地区，产于加纳、加蓬、喀麦隆、利比里亚、塞拉利昂、科特迪瓦、尼日利亚等地。

【木材材性】木材光泽强；无特殊气味和滋味；纹理直，部分具交错纹理；结构细，均匀。木材重量中；强度高；干缩甚大；耐久性极强；抗白蚁，偶尔出现蓝变。木材抛光、胶合性能都好，钉钉前预先打孔。适于旋切和刨切单板，可生产高质量单板。气干密度约 $0.62 \sim 0.72 \mathrm{g/cm^3}$。

【木材用途】木材适用于建筑材、室内装修、地板、家具、橱柜、装饰单板、胶合板、精密仪器、雕刻、车旋制品、细木工制品、乐器等。

弦（或径）面纹理

横切面微观图

毛泡桐 *Paulownia tomentosa*（Thunb.）Steud.

原木段

【中文名】毛泡桐

【学名】*Paulownia tomentosa*（Thunb.）Steud.

【科属】玄参科 Scrophulariaceae
　　　　泡桐属 *Paulownia*

【木材名称】泡桐

【地方名称/英文名称】紫花泡桐，日本泡桐，Kiri，Shima-giri（日本），Paulownia imperial（法国），Empresstree（英国、美国），Chinesischer blauglockenbaum（德国）

【市场不规范名称】桐木

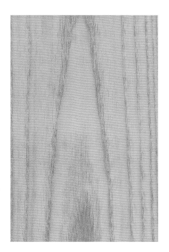

弦（或径）面纹理

【产地及分布】主要分布于我国长江流域及华北地区，甘肃、河北、河南、陕西、山西、山东、江苏、安徽、江西、湖北、湖南及四川北部。在朝鲜、日本、欧洲、北美广为栽培。

【木材材性】木材纹理直，结构粗，不均匀。木材重量很轻、很软，强度甚低；干缩很小。木材不耐腐；易受虫害，易蓝变。木材锯、刨加工容易，锯解时易发毛；易于刨切和旋切，切面光滑；胶合、油漆、着色性能良好；钉钉容易、握钉力弱。气干密度约 $0.27\sim0.31g/cm^3$。

【木材用途】木材用于家具、衣柜、木屐、软木雕刻、缓冲材料、包装箱盒、食品包装、模型、日用盆桶、室内装修、乐器（扬琴、琵琶、古筝）、乒乓球拍等。

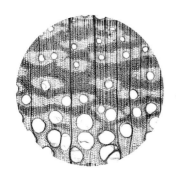

横切面微观图

金檀木 *Cantleya corniculata*（Becc.）Howard.

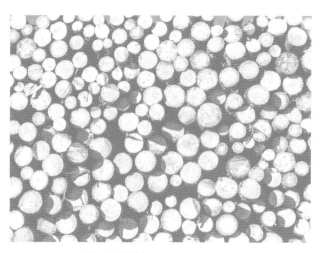

原木段（暂缺）

【中文名】金檀木（角香茶茱萸）

【学名】*Cantleya corniculata*（Becc.）Howard.

【科属】粗丝木科 Stemonuraceae

金檀木属 *Cantleya*

【木材名称】香茶茱萸

【地方名称 / 英文名称】Dedaru，Daru-daru（马来西亚），Bedaru（马来西亚砂拉越，印度尼西亚），Samala（马来西亚沙巴），Seranai（印度尼西亚）

【市场不规范名称】云香木、印尼金檀木

弦（或径）面纹理

【产地及分布】产于加里曼丹，马来半岛，散生在高低不平的沿海地带。

【木材材性】木材具光泽；新切面具香气；滋味微苦；纹理交错；结构细而匀。木材重；强度高至甚高。木材加工不难、刨面光滑，车旋、钻孔性能好。气干密度 0.90～1.10g/cm³。

【木材用途】木材适用于各种要求强度大和耐久的地方，可用于重型房屋建筑构件（如搁栅、柱子）、承重地板、桥梁、车梁、车轴、机座及汽锤垫板、工具台、工具柄、刨架、车旋制品等。

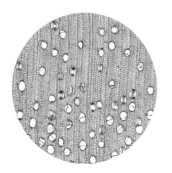

横切面微观图

粗丝木科 Stemonuraceae

236

大柄船形木 *Scaphium macropodum*（Miq.）Beumee ex Heyne.

原木段

【中文名】大柄船形木

【学名】 *Scaphium macropodum*（Miq.）Beumee ex Heyne.

【科属】 梧桐科 Sterculiaceae
船形木属 *Scaphium*

【木材名称】 大柄船形木

【地方名称 / 英文名称】 Samrong（泰国）；Kembang semangkok（马来西亚）；Kapas kapasan（印度尼西亚）

弦（或径）面纹理

【产地及分布】 分布于泰国、马来西亚及印度尼西亚等。

【木材材性】 心材灰黄褐色到浅褐色；与边材区别不明显；边材比心材色略浅。木材光泽较强；无特殊气味和滋味；纹理直至略交错；结构略粗，不均匀。木材重量中等；干缩小；强度中至高。木材干燥快，干燥性能良好，无严重开裂、翘曲等缺陷。木材耐腐性能中等，有蓝变和粉蠹虫危害；防腐处理容易。木材锯、刨等加工容易，刨面光滑，但有些木材径面可能产生戗茬。

【木材用途】 木材宜作家具、室内装修、装饰性单板、胶合板（旋切、刨切均可）等。

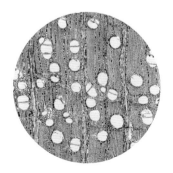

横切面微观图

原木段

【中文名】光四籽木

【学名】*Tetramerista glabra* Miq.

【科属】四籽树科 Tetrameristaceae

四籽树属 *Tetramerista*

【木材名称】四籽木

【地方名称/英文名称】Punah，Entuyut，Tuyut，Kaju hujan（马来西亚），Punak，Bangkalis（印度尼西亚）

弦（或径）面纹理

【产地及分布】分布于马来西亚及印度尼西亚。

【木材材性】木材有蜡质感；具光泽；纹理直或略斜,均匀。木材重；干缩甚大；强度中至高。木材耐腐；锯、刨容易，但切面应砂光或用腻子才光滑；钉钉时有劈裂倾向，握钉力良好。气干密度约 0.79g/cm³。

【木材用途】木材适用于建筑、地板、家具、细木工、车辆、造船、运动器材、农业机械、枕木、矿柱、电杆、桩木等。

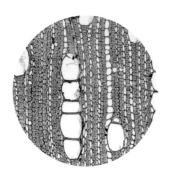

横切面微观图

荷木 *Schima superb* Gaedn. Et Champ.

原木段

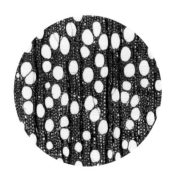

弦（或径）面纹理

【中文名】荷木

【学名】 *Schima superb* Gaedn. Et Champ.

【科属】山茶科 Theaceae

　　　　荷木属 *Schima*

【木材名称】荷木

【地方名称/英文名称】荷树、椴树（湖南、福建、广西、浙江），拐木，拐柴（福建），果槁，槁树（海南岛），木荷（西南、华北地区）等；Samak

【产地及分布】江苏、浙江、安徽、福建、湖南、湖北、江西、贵州、广东、海南、广西等地。

【木材材性】木材有光泽；纹理斜；结构甚细，均匀；重量、干缩、强度及冲击韧性中等；干燥时容易翘裂；稍耐腐；抗蚁性弱；切削时易伤刀具；油漆后光亮性良好；胶黏亦易；握钉力中，有产生劈裂倾向。气干密度约 $0.60 \sim 0.75 \mathrm{g/cm^3}$。

【木材用途】木材用作家具、房屋结构及室内装修，包装箱、木尺、玩具、牙签、棋子、普通工农具柄。

横切面微观图

原木段

【中文名】蚬木

【学名】*Burretiodendron hsienmu* Chun et How

【科属】椴树科 Tiliaceae

蚬木属 *Burretiodendron*

【木材名称】蚬木

【地方名称/英文名称】白蚬（广西），嘤隐（壮语译音）；Burreta-Tree

【市场不规范名称】越南铁木

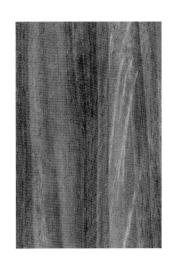

弦（或径）面纹理

【产地及分布】产于广西隆安、大新、宁明和龙津青山乡与武联乡，以及云南东南部，越南也有。

【木材材性】木材有光泽；纹理交错；结构细而匀；甚重；甚硬；干缩甚大；强度及冲击韧性极高。木材耐虫、耐腐性强，抗蚁蛀；切削极困难，径面极难刨光，有带状花纹；油漆后很光亮；钉钉极难，但握钉力甚强，不劈裂。气干密度约 1.13g/cm³。

【木材用途】木材为传统家具、装饰、雕刻材料，宜作秤杆、算盘珠、框，手杖，烟斗，木工工具如刨架、锯架、工具柄等，乐器的琴柄、琴梯、琴弓等；适用于制作磨球、研钵、机座及汽锤垫板；纺织上用作打梭棒，并适宜作造船桥梁、码头木桩等。

横切面微观图

北美椴木 *Tilia americana* L.

原木段

【中文名】北美椴木

【学名】*Tilia americana* L.
【科属】椴树科 Tiliaceae
　　　　椴木属 *Tilia*
【木材名称】椴木
【地方名称/英文名称】Basswood，American basswood，Lime，Linden
【市场不规范名称】越南铁木

弦（或径）面纹理

【产地及分布】分布于北美东北部地区。

【木材材性】木材有光泽；纹理通直，结构甚细。木材重量轻、质地软，强度低；干缩小，稳定性好。木材不耐腐，抗蚁性差。木材干燥容易；切削加工容易，切面光滑；胶黏性好。气干密度约 0.45g/cm³。

【木材用途】木材适用于旋切单板、制造胶合板，普通家具、箱盒、门窗、室内装修、乐器、文具、乒乓球拍、软木雕刻、火柴杆、铅笔杆、纸浆、纤维原料等。

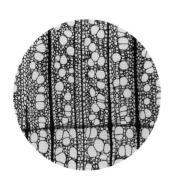

横切面微观图

白榆 *Ulmus pumila* L.

原木段

弦（或径）面纹理

【中文名】白榆

【树种】*Ulmus pumila* L.

【科属】榆科 Ulmaceae
榆木属 *Ulmus*

【木材名称】榆木

【地方名称/英文名称】榆树、家榆；
Elm

【产地及分布】自我国东北、华北、西北地区至长江流域，南至四川、江西、浙江、江苏等地。俄罗斯、朝鲜、日本也有分布。

【木材材性】木材有光泽；纹理直；结构粗，不均匀；径面板因木材具宽射线而呈现银光纹理，颇具装饰性。木材重量中至重；木材硬，强度及冲击韧性中。木材干缩中；干燥时有开裂和翘曲倾向。木材略耐腐，易受 虫危害。木材锯、刨等机械加工容易，刨面光滑，油漆、胶黏和涂饰性好，弯曲性好。弦面花纹美丽，装饰性强。气干密度约 0.64g/cm³。

【木材用途】木材为优良的家具和室内装修用材，适宜作建筑结构及建筑木制品、门窗、地板、装饰单板、箱盒、体育器材、工农具柄、车架与车厢等。

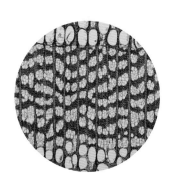

横切面微观图

榉木 *Zelkova schneideriana* Hand.-Mazz.

原木段

【中文名】榉木

【学名】 *Zelkova schneideriana* Hand.-Mazz.

【科属】 榆科 Ulmaceae

榉属 *Zelkova*

【木材名称】 榉木

【地方名称 / 英文名称】 大叶榉、红榉、血榉（江苏），黄榉（浙江），石生树（福建），沙椤（广西）；Zelkova

弦（或径）面纹理

【产地及分布】 主要分布于长江流域及以南地区，产江苏、浙江、福建、江西、安徽、湖南、湖北、四川、广东、文本、贵州等省区。

【木材材性】 木材有光泽；纹理直；结构中至粗，不均匀；径面板银光纹理显著，弦面花纹美丽，颇具装饰性。木材重量中至重；木材硬，强度中至高，冲击韧性高。木材干缩大；干燥时有开裂和翘曲倾向。木材耐腐性好。木材锯、刨等机械加工容易，刨面光滑，油漆、胶黏和涂饰性好。气干密度约 0.79g/cm³。

【木材用途】 木材为高档家具和优良的室内装修用材，适宜做建筑结构及建筑木制品，门窗、地板、装饰单板、箱盒、体育器材、工农具柄、车架与车厢，渔船的首尾柱、船梁、龙骨、肋骨、舵杆等。

横切面微观图

原木段

【中文名】菲律宾朴

【学名】*Celtis philippinensis* Blanco

【科属】榆科 Ulmaceae

（大麻科 Cannabaceae）

朴属 *Celtis*

【木材名称】朴木

【地方名称/英文名称】Hard celtis（巴布亚新几内亚、所罗门），Malaikmo，Kaju lulu（菲律宾）

弦（或径）面纹理

【产地及分布】分布于中南半岛、马来群岛至新几内亚，我国云南也有分布。

【木材材性】木材具光泽，纹理直或略交错；结构中等至略细，均匀。木材重量、强度中等。木材耐腐性一般，边材易受真菌感染变色。木材切削加工容易，切面光滑。气干密度约 0.62～0.80g/cm^3。

【木材用途】木材适宜作建筑结构与建筑木制品如门窗、地板、室内装修、家具、曲木制品、箱盒、胶合板、车工制品、体育用具以及车厢、船舶内装修等。

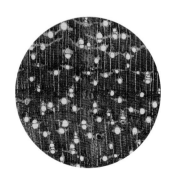

横切面微观图

朴木 *Celtis sinensis* Pers.

原木段

【中文名】朴木

【学名】 *Celtis sinensis* Pers.

【科属】 榆科 Ulmaceae
（大麻科 Cannabaceae）
朴属 *Celtis*

【木材名称】 朴木

【地方名称 / 英文名称】 朴子树（福建）、黄桑子树（湖南）、沙朴、青朴（江苏）、朴榆（上海）；Hackberry

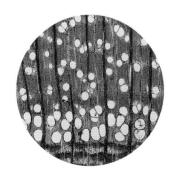

弦（或径）面纹理

【产地及分布】 产于山东，长江流域以南各省区，南至海南、台湾。朝鲜、电影票也有分布。

【木材材性】 木材纹理直或略斜；结构中等至粗，不均匀。木材重量、强度中等，干缩中等。木材耐腐性一般，易受真菌感染变色。木材切削加工容易，切面光滑；胶黏容易。气干密度约 0.65g/cm^3。

【木材用途】 木材适宜作建筑木制品如门窗、地板、室内装修以及家具、曲木制品、箱盒、胶合板、车工制品、体育用具及车厢、船舶内装修等。

横切面微观图

柚木 *Tectona grandis* L.

原木段

【中文名】柚木

【学名】*Tectona grandis* L.

【科属】马鞭草科 Verbenaceae

柚木属 *Tectona*

【木材名称】柚木

【地方名称/英文名称】Teak（缅甸、印度尼西亚、泰国），Jati（印度尼西亚），Kyun（缅甸），Mai sak（泰国），Maysak（柬埔寨），Teek（老挝），Tek（法国），Tec（西班牙）

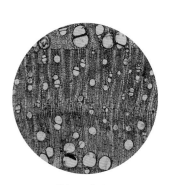

弦（或径）面纹理

【产地及分布】天然分布于印度、缅甸、泰国、印度支那。在拉丁美洲、非洲热带地区有广泛的人工林，如尼日利亚、刚果、多哥、喀麦隆、坦桑尼亚、洪都拉斯、哥斯达黎加等地均有分布。

【木材材性】木材具光泽；纹理直；结构中至粗，不均匀；具油性感。木材重量中等；干缩小，强度中。木材干燥性能良好。木材很耐腐，能抗白蚁和海生钻木动物危害；能耐酸。木材锯、刨加工总体较为容易，有时有夹锯现象，刨后表面光滑；胶黏、上漆、抛光、打蜡均好，刨切和旋切性能良好。气干密度约 $0.55 \sim 0.67 g/cm^3$。

【木材用途】木材为高级家具、装饰单板、胶合板优良原料。适宜于房屋建筑，室内装修，微薄木，造船，车辆，仪器箱盒，乐器，雕刻，车旋、乐器、蓄电池隔电板，化工用木桶等。特别适用于对木材有耐久和稳定性要求高的场合。

横切面微观图

夸雷木 *Qualea* spp.

原木段

【中文名】夸雷木

【学名】*Qualea* spp.

【科属】独蕊科 Vochysiaceae
　　　　上位独蕊属 *Qualea*

【木材名称】夸雷木

【地方名称 / 英文名称】Gronfoeloe，Mandioqueira，Tamanqueira（巴西），Florecillo，Mandio

弦（或径）面纹理

【产地及分布】分布很广，拉丁美洲热带地区，自墨西哥、中美洲地区至南美洲亚马孙河流域。

【木材材性】木材光泽弱；纹理交错；结构略细，均匀。木材重量中等，强度中；干缩大。木材干燥不难，但有端裂和翘曲倾向。木材略耐腐，变材易蓝变。木材锯解加工不难，但刀具易钝化；钉钉和胶黏性好。气干密度约 $0.60 \sim 0.75 \text{g/cm}^3$。

【木材用途】木材适用于一般建筑、家具、箱柜、室内装修、地板、旋切单板、胶合板等。

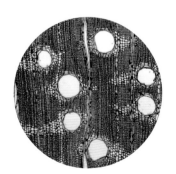

横切面微观图

原木段

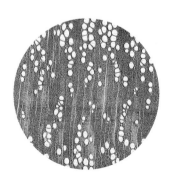

弦（或径）面纹理

【中文名】维腊木

【学名】 *Bulnesia* spp.

【科属】 蒄藜科 Zygophyllaceae

维腊木属 *Bulnesia*

【木材名称】 维腊木

【地方名称／英文名称】 Verawood，Maracaibo lignum-vitae，Palo santo（贸易名），Guayacan（玻利维亚），bois de gaiac（法国），Guaico（意大利），Guayacan de bola（哥伦比亚），Bera，Cuchivaro，Vera aceituna（委内瑞拉），Argentine lignum-vitae，Holy wood（美国）

【市场不规范名称】 绿檀、绿檀香

【产地及分布】 分布于墨西哥热带海岸、西印度群岛、中美洲西海岸、哥伦比亚北部、玻利维亚、哥伦比亚、委内瑞拉，至阿根廷等。

【木材材性】 木材具光泽；纹理交错；结构甚细，均匀。木材甚重，强度高，耐磨；干缩大。木材很耐腐，抗白蚁及海生钻孔动物危害。木材锯、刨加工困难，磨光、抛光性好。气干密度约 $1.14 \sim 1.28 \mathrm{g/cm}^3$。

【木材用途】 木材适用于车旋制品、雕刻、重载地板、轴套、滑轮衬套、纺织器材、体育器材、细木工制品、工艺美术制品等。

横切面微观图

中文名索引

A

阿诺古夷苏木·······54
爱里古夷苏木·······56
安达曼紫檀·······125
安哥拉非洲楝·······171
安哥拉缅茄·······38
安哥拉紫檀·······123
奥克榄·······34
奥氏黄檀·······108
奥特山榄·······224

B

八果木·······76
巴拉圭苏木·······42
巴里黄檀·······97
巴西黑黄檀·······106
巴新埃梅木·······160
白花崖豆木·······118
白桦·······27
白栎·······141
白娑罗双·······85
白驼峰楝·······175
白梧桐·······167
白榆·······242
柏木·······4
板栗·······134
苞芽树·······147
北美椴木·······241
北美鹅掌楸·······159
北美黄杉·······11
贝壳杉·······2
冰片香·······80
波罗蜜·······194
剥皮桉·······202
伯克苏木·······41

伯利兹黄檀·······112

C

檫木·······155
刺槐·······132
刺猬紫檀·······126
葱叶鲍古豆·······95
粗状桃榄·······233

D

大柄船形木·······237
大非洲楝·······172
大甘巴豆·······60
大果阿那豆·······186
大果紫檀·······128
大花米兰·······168
大美木豆·······121
大叶槭·······18
代德苏木·······49
刀状黑黄檀·······100
狄氏黄胆木·······215
东非黑黄檀·······105
东京黄檀·······113
毒籽山榄·······225
短盖豆·······40
多花斯文漆·······25

E

恩氏云杉·······7

F

番龙眼·······223
非洲橄榄·······35
非洲金叶树·······226
非洲螺穗木·······92

非洲缅茄·······37
非洲崖豆木·······117
非洲紫檀·······124
菲律宾朴·······244
菲律宾乌木·······89
风车果·······214
风车子·······70
枫香·······146
辐射松·······10

G

甘蓝豆·······94
格木·······52
光毛药树.·······145
光四籽木·······238
圭亚那蛇桑·······196
圭亚那铁木豆·······133
桂木·······193

H

哈氏短被菊·······75
海棠木·······68
荷木·······239
核桃木·······150
黑核桃·······149
黑黄蕊木·······205
红饱食桑·······197
红椿·······181
红豆杉·······13
红桧·······3
红卡雅楝·······176
红栎·······143
红松·······8
红娑罗双·······84
红蚁木·······29

249

猴子果················234
厚瓣乌木················87
蝴蝶树················166
环果象耳豆···············188
黄苹婆················165
黄娑罗双···············83
黄杨·················36
黄叶树················211
霍氏翅苹婆···············164

J

加蓬圆盘豆···············187
假凤梨喃喃果··············45
樫木·················170
箭毒木················192
降香黄檀···············107
交趾黄檀···············99
胶木·················232
胶漆木················23
金檀木················236
金叶树················227
金柚木················199
榉木·················243
巨桉·················203

K

坎诺漆················21
考基铁线子···············230
柯库木················67
科特迪瓦榄仁··············73
可乐豆················43
克莱小红树···············212
苦楝·················179
夸雷木················247
坤甸铁樟木···············153
阔变豆················122
阔荨摘亚木···············47
阔叶黄檀···············103

L

榄仁·················72

棱柱木················144
荔枝木················222
镰形木英苏木··············51
良木非洲楝···············174
两蕊苏木···············50
烈味斑纹漆···············20
烈味天料木···············219
柳杉·················14
龙脑香················79
龙眼木················221
卢氏黑黄檀···············104
李叶苏木···············58
落叶松················6
绿心樟················151

M

马达加斯加鲍古豆·············96
马来甘巴豆···············61
马来亚子京···············228
马尾松················9
麦粉饱食桑···············195
毛果青冈···············138
毛榄仁················74
毛洛沃楝···············178
毛泡桐················235
毛药乌木···············90
美洲黑杨···············218
美洲黑樱桃···············217
美洲山核桃···············148
米槠·················135
摩鹿加八宝树··············158
木英豆················191
木莲·················161
木棉·················30

N

南岭锥················136
南洋楹················189
楠木·················154
囊状紫檀···············129

O

欧洲白蜡木···············209
欧洲水青冈···············139
欧洲甜樱桃···············216

P

帕利印茄···············59
平滑婆罗双···············82
朴木·················245

Q

鞘籽古夷苏木··············55
青冈·················137
轻木·················31

R

染料橙桑···············198
染料紫檀···············131
人面子················22
人心果················231
肉豆蔻················201

S

塞内加尔卡雅楝·············177
赛鞋木豆···············63
赛州黄檀···············98
桑树·················200
杉木·················15
十二雄蕊破布木·············33
石栎·················140
双柱苏木···············48
水曲柳················210
斯图崖豆木···············119
苏拉威西乌木··············86
蒜果木················208
蒜味破布木···············32

T

檀香木················220
檀香紫檀···············130
糖槭·················19

250

桃花心木·····················180

特氏古夷苏木···············57

特斯金莲木···················207

铁刀木·······················65

铁力木·······················69

铁心木·······················204

筒状非洲楝···················173

W

危地马拉黄檀···············114

微凹黄檀·····················109

维腊木·······················248

乌木·························88

梧桐·························162

五桠果·······················77

X

西非苏木·····················46

西非香脂树···················44

纤皮玉蕊·····················156

蚬木·························240

腺瘤豆·······················190

相思树·······················183

香椿·························182

香二翅豆·····················115

香灰莉·······················157

香洋椿·······················169

香樟·························152

香脂冷杉······················5

香脂木豆·····················120

象牙海岸格木···············53

橡胶木·······················91

小脉夹竹桃···················26

小鞋木豆·····················62

鞋木·························39

Y

亚马孙黄檀···················111

亚马孙榄仁···················71

异翅香·······················78

异叶铁杉·····················12

翼红铁木·····················206

印度黄檀·····················110

印度紫檀·····················127

硬合欢·······················185

硬木军刀豆···················116

油楠·························66

油桐·························93

柚木·························246

雨树·························184

郁金香黄檀···················101

Z

柞木·························142

爪哇银叶树···················163

中美洲黄檀···················102

中美洲蚁木···················28

重齿铁线子···················229

重坡垒·······················81

竹节树·······················213

紫心苏木·····················64

紫油木·······················24

251

拉丁学名索引

A

Abies balsamea（L.）Mill. ·················5

Acacia confusa Merr. ·················183

Acer macrophyllum Pursh ················18

Acer saccharum Marshall················19

Afzelia africana Smith ·················37

Afzelia quanzensis ·················38

Agathis dammara（Lamb.）Rich. & A. Rich ···2

Aglaia spectabilis（Miq.）S.S.Jain &

　S.Bennet ·················168

Albizia saman（Jacq.）Merr. ·················184

Albizia spp. ·················185

Anadenanthera colubrina（Vell.）Brenan····186

Andira spp. ·················94

Anisoptera spp. ·················78

Anopyxis klaineana（Pierre）Engl. ·········212

Antiaris toxicaria Lesch. ·················192

Artocarpus spp. ·················193

Artocarpus spp. ·················194

Astronium graveolens Jacq. ·················20

Aucoumea klaineana Pierre ················34

Autranella congolensis A. Chev. ·············224

B

Baillonella toxisperma Pierre ·············225

Berlinia confusa Hoyle·················39

Betula platyphylla Suk. ·················27

Bobgunnia fistuloides（Harms）J. H. Kirkbr. &

　Wier. ·················95

Bobgunnia madagascariensis（Desv.）J. H.

　Kirkbr. & Wier. ·················96

Bombax ceiba L. ·················30

Brachylaena huillensis O. Hoffm. ·········75

Brachystegia cynometroides Harms ·········40

Brosimum alicastrum Huber ·················195

Brosimum rubescens Taub. ·················197

Bulnesia spp. ·················248

Burkea africana Hook. ·················41

Burretiodendron hsienmu Chun et How·······240

Buxus sinica（Rehd. et Wils.）Cheng·········36

C

Caesalpinia paraguariensis（Parodi）Burk.··42

Calophyllum inophyllum L. ·················68

Campnosperma spp. ·················21

Canarium schweinfurthii Engl. ·················35

Cantleya corniculata（Becc.）Howard.·······236

Carallia brachiata（Lour.）Merr. ·········213

Carya illinoinensis（Wange.）K. Koch ······148

Castanea mollissima Blume ·················134

Castanopsis carlesii Hay. ·················135

Castsnopsis fordii Hance ·················136

Cedrela odorata L. ·················169

Celtis philippinensis Blanco ·················244

Celtis sinensis Pers. ·················245

Chamaecyparis formosensis Matsum.··········3

Chlorocardium rodiei（Schomb.）Rohwer,

　H.G.Richt. & van der Werff ·············151

Chrysophyllum africanum A. DC. ·········226

Chrysophyllum spp. ·················227

Cinnamomum camphora ·················152

Colophospermum mopane（Benth.）Leon. ···43

Combretocarpus rotundatus（Miq.）Dans ···214

Combretum imberbe Wawra·················70

Copaifera salikounda Heck. ·················44

Cordia alliodora（Ruiz & Pav.）Oken ·······32

Cordia goeldiana A. DC. ·················33

Couratari spp. ·················156

Cryptomeria japonica（Thunb. ex L.f.）

　D.Don ·················14

252

Cunninghamia lanceolata（Lamb.）Hook.···· 15

Cupressus funebris Endl. ·························4

Cyclobalanopsis glauca（Thunb.）Oerst. ····137

Cyclobalanopsis pachyloma（Seem.）
　　Schott. ··························· 138

Cylicodiscus gabunensis Harms. ·············187

Cynometra ananta Hutch. & Dalziel··········· 45

D

Dalbergia bariensis Pierre ················· 97

Dalbergia cearensis Ducke.················· 98

Dalbergia cochinchinensis Pierre ············· 99

Dalbergia cultrata Benth. ················100

Dalbergia decipularis Rizzini & A.Mattos ····101

Dalbergia granadillo Pittier ··············102

Dalbergia latifolia Roxb. ················103

Dalbergia louvelii R.Viguier ··············104

Dalbergia melanoxylon Guill.&Perr. ·········105

Dalbergia nigra（Vell.）Benth.·············106

Dalbergia odorifera T. Chen ··············107

Dalbergia oliveri Prain··················108

Dalbergia retusa Hesml. ·················109

Dalbergia sisso DC. ····················110

Dalbergia spruceana Benth. ··············111

Dalbergia stevensonii Tandl.··············112

Dalbergia tonkinensis Prain···············113

Dalbergia tucurensis Donn.Sm. ············114

Daniellia klainei A. Chev. ··············· 46

Dialium platysepalum Baker··············· 47

Dicorynia guianensis Amsh. ··············· 48

Didelotia idea Oldeman & al.··············· 49

Dillenia spp.························· 77

Dimocarpus longan Lour. ···············221

Diospyros celebica Bakh.················· 86

Diospyros crassiflora Hiern ··············· 87

Diospyros ebenum J.Koenig ex Retz. ········· 88

Diospyros philippinensis A.DC.············· 89

Diospyros pilosanthera Blanco ············· 90

Dipterocarpus spp.···················· 79

Dipteryx odorata（Aubl.）Willd. ···········115

Distemonanthus benthamianus Baill. ·········· 50

Dracontomelon dao Merr. Et Rolfe ··········· 22

Dryobalanops spp.···················· 80

Duabanga moluccana Blume ···············158

Dyera costulata Hook.f. ················· 26

Dysoxylum spp.······················170

E

Entandrophragma angolense C. DC.··········171

Entandrophragma candollei Harms ···········172

Entandrophragma cylindricum Spraque ·······173

Entandrophragma utile Spraque ·············174

Enterolobium cyclocarpum（Jacq.）
　　Griseb. ·····················188

Eperua falcata Aubl. ··················· 51

Erythrophleum fordii Oliv. ··············· 52

Erythrophleum ivorense A. Chev··········· 53

Eucalyptus deglupta Bl. ·················202

Eucalyptus grandis W. Hill···············203

Eusideroxylon zwagri Teijsm. & Binnend.·····153

F

Fagraea fragrans Roxb. ·················157

Fagus sylvatica L. ····················139

Falcataria moluccana（Miq.）Barneby &
　　J.W.Grimes ·················189

Firmiana simplex（L.）W. F. Wight ·········162

Fraxinus excelsior L.···················209

Fraxinus mandshurica Rupr.··············210

G

Gluta renghas L. ····················· 23

Gonystylus spp.······················144

Goupia glabra Aubl.···················145

Guarea cedrata Pellegr.·················175

Guibourtia arnoldiana（De Wild. & Th. Dur.）J.
　　Léonard ····················· 54

Guibourtia coleosperma（Benth.）J.
　　Léonard ····················· 55

Guibourtia ehie（A. Chev.）J. Léonard ······ 56

Guibourtia tessmannii（Harms）J. Leonard··· 57

H

Heritiera javanica (Bl.) Kost. ·············163

Hevea brasiliensis (Willd. ex A. Juss.) Müll.
　　Arg. ························· 91

Homalium foetidum (Roxb.) Benth. ·········219

Hopea spp. ·················· 81

Hymenaea courbaril L. ·············· 58

I

Intsia palembanica Miq. ·············· 59

Irvingia malayana Oliv. ex Benn. ·············147

J

Juglans nigra L. ················149

Juglans regia L. ················150

K

Khaya ivorensis A. Chev. ············176

Khaya senegalensis A. Juss. ···········177

Kokoona spp. ··············· 67

Koompassia excelsa (Becc.) Taubert. ········ 60

Koompassia malaccensis Maing. ·············· 61

L

Larix gmelinii (Rupr.) Kuzen ···········6

Liquidambar formosana Hance. ···········146

Liriodendron tulipifera L. ·············159

Litchi chinensis Sonn. ·············222

Lithocarpus glaber (Thunb.) Nakai·········140

Lophira alata Banks ex Gaertn. ·········206

Lovoa trichilioides Harms ············178

M

Machaerium scleroxylon Tul. ··········116

Maclura tinctoria (L.) D. Don ex Steud. ·····198

Madhuca utilis (Ridl.) H. J. Lam. ········228

Magnolia tsiampacca (L.) Figlar & Noot. ···160

Manglietia fordiana (Hemsl.) Oliv. ·······161

Manikara hexandra (L.) P. Royen ·······231

Manilkara bidentata (A. DC.) A. Chev. ····229

Manilkara kauki (L.) Dubard ··········230

Melia azedarach L. ···············179

Mesua ferrea L. ··············· 69

Metrosideros petiolata K. et V. ··········204

Microberlinia brazzavillensis A. Chev. ········ 62

Milicia excelsa (Welw.) C.C.Berg (IROKO) ··199

Millettia laurentii De Wild ···········117

Millettia leucantha Kurz ···········118

Millettia stuhlmannii Taub. ···········119

Morus alba L. ···············200

Myristica spp. ··············201

Myroxylon balsamum (L.) Harms ·········120

N

Nauclea diderrichii Merrill ············215

O

Ochroma pyramidale (Cav. ex Lam.) Urb. ··· 31

Octomeles sumatrana ···············76

P

Palaquium spp. ··············232

Paraberlinia brazzavillensis Pellegr. ········ 63

Paulownia tomentosa (Thunb.) Steud. ·······235

Peltogyme spp. ·············· 64

Pericopsis elata (Harms) Meeuwen ········121

Phoebe zhennan S. K. Lee & F. N. Wei·······154

Picea engelmannii Parry ex Engelm. ·········7

Pinus koraiensis Sieb & Zucc. ··········8

Pinus massoniana Lamb. ·············9

Pinus radiata D. Don ·············· 10

Piptadenia africanum Brenan. ···········190

Pirotinera guianensis Aubl Huber ···········196

Pistacia weinmannifolia J. Poiss. ex Franch. ··· 24

Platymiscium spp. ·············122

Pometia pinnata J. R. Forster ···········223

Populus deltoids Marsh. ···········218

Pouteria robusta ···············233

Prunus avium (L.) L. ·············216

Prunus serotina Ehrh. ·············217

Pseudotsuga menziesii (Mirb.) Franco ······· 11

Pterocarpus angolensis DC. ·············123

254

Pterocarpus angolensis Taub. ·················124

Pterocarpus dalbergioides DC. ·············125

Pterocarpus erinaceus Poir.·················126

Pterocarpus indicus Willd. ·················127

Pterocarpus macrocarpus Kurz ·············128

Pterocarpus marsupium Roxb. ·············129

Pterocarpus santalinus L.f. ·················130

Pterocarpus tinctorius Welw. ·············131

Pterygota horsfieldii Kosterm.·············164

Q

Qualea spp.·······································247

Quercus alba L. ·······························141

Quercus mongolica Fisch. et Turcz.·········142

Quercus rubra L.·······························143

R

Robinia pseudoacacia L. ·················132

S

Santalum album L. ·························220

Sassafras tzumu (Hemsl.) Hemsl·········155

Scaphium macropodum (Miq.) Beumee ex
    Heyne.·······································237

Schima superb Gaedn. Et Champ. ·········239

Scorodocarpus borneensis Becc.·············208

Senna siamea (Lam.) H. S. Irwin &
    Barneby ·································· 65

Shorea laevis······························ 82

Shorea spp. ······························ 83

Shorea spp. ······························ 84

Shorea spp. ······························ 85

Sindora spp. ······························ 66

Spirostachys africana Sond ················ 92

Sterculia oblonga Mast.·····················165

Swartzia benthamiana Miq.·················133

Swietenia mahagoni (L.) Jacq. ·············180

Swintonia floribunda Griff.················ 25

T

Tabebuia guayacan (Seem.) Hemsl. ·········28

Tabebuia rosea (Bertol.) Bertero ex A.DC. ··· 29

Tarrietia utilis Sprague·······················166

Taxus wallichiana var. *chinensis* (Pilg.)
    Florin ······························· 13

Tectona grandis L.·······························246

Terminalia amazonia (Gmel.) Exell ········· 71

Terminalia catappa L.·························· 72

Terminalia ivorensis A. Chev.················ 73

Terminalia tomentosa Wight & Arm. ········· 74

Testulea gabonensis Pellegr. ···············207

Tetramerista glabra Miq.·····················238

Tieghemella heckelii Pierre···················234

Tilia americana L. ·························241

Toona Ciliata Roem ·························181

Toona sinensis (Juss.) Roem. ·············182

Triplochiton scleroxylon K. Schum. ·········167

Tsuga heterophylla (Raf.) Sarg ·············12

U

Ulmus pumila L. ·························242

V

Vernicia fordii (Hemsl.) Airy Shaw ········· 93

X

Xanthophyllum spp.·····························211

Xanthostemon melanoxylon Peter G. Wilson &
    Pitisopa·······································205

Xylia xylocarpa (Roxb.) Taub.·············191

Z

Zelkova schneideriana Hand.-Mazz. ·········243

红木索引

紫檀木类

檀香紫檀·················· 130

花梨木类

安达曼紫檀·············· 125
刺猬紫檀·················· 126
印度紫檀·················· 127
大果紫檀·················· 128
囊状紫檀·················· 129

香枝木类

降香黄檀·················· 107

黑酸枝木类

刀状黑黄檀·············· 100
阔叶黄檀·················· 103
卢氏黑黄檀·············· 104
东非黑黄檀·············· 105
巴西黑黄檀·············· 106
亚马孙黄檀··············111
伯利兹黄檀·············· 112

红酸枝木类

（绒毛黄檀暂未收录）
巴里黄檀·················· 97
赛州黄檀·················· 98
交趾黄檀·················· 99
中美洲黄檀·············· 102
奥氏黄檀·················· 108
微凹黄檀·················· 109

乌木类

厚瓣乌木·················· 87
乌木······················· 88

条纹乌木类

苏拉威西乌木··········· 86
菲律宾乌木·············· 89
毛药乌木·················· 90

鸡翅木类

非洲崖豆木·············· 117
白花崖豆木·············· 118
铁刀木····················· 65